30秒探索

进化论

每天30秒
探索50个极其重要的思想和事件

主编

[英] 马克·费洛维斯（Mark Fellowes）
[英] 尼古拉斯·巴蒂（Nicholas Battey）

参编

[英] 布莱恩·克莱格（Brian Clegg）
[英] 伊莎贝尔·德·格鲁特（Isabelle De Groote）
[英] 朱莉·霍金斯（Julie Hawkins）
[英] 路易丝·约翰逊（Louise Johnson）
[英] 本·纽曼（Ben Neuman）
[英] 克里斯·文迪蒂（Chris Venditti）

译者

邵新盈　崔向前

机械工业出版社
CHINA MACHINE PRESS

Mark Fellowes, Nicholas Battey, 30-Second EVOLUTION
ISBN 978-1-84831-840-3
First published in the UK in 2016 by Ivy Press
an imprint of The Quarto Group

北京市版权局著作权登记 图字：01-2017-8444号

图书在版编目（CIP）数据

进化论 /（英）马克·费洛维斯（Mark Fellowes），（英）尼古拉斯·巴蒂（Nicholas Battey）主编；邵新盈，崔向前译. — 北京：机械工业出版社，2023.4
（30秒探索）
书名原文：30-Second Evolution
ISBN 978-7-111-72728-6

Ⅰ. ①进… Ⅱ. ①马… ②尼… ③邵… ④崔… Ⅲ. ①进化论－普及读物 Ⅳ. ①Q111-49

中国国家版本馆CIP数据核字（2023）第037771号

机械工业出版社（北京市百万庄大街22号　邮政编码100037）
策划编辑：汤　攀　　　　　责任编辑：汤　攀　刘　晨
责任校对：龚思文　李宣敏　封面设计：鞠　杨
责任印制：张　博
北京利丰雅高长城印刷有限公司印刷
2023年7月第1版第1次印刷
148mm × 195mm · 4.875印张 · 180千字
标准书号：ISBN 978-7-111-72728-6
定价：59.00元

电话服务
客服电话：010-88361066
010-88379833
010-68326294
封底无防伪标均为盗版

网络服务
机　工　官　网：www.cmpbook.com
机　工　官　博：weibo.com/cmp1952
金　　书　　网：www.golden-book.com
机工教育服务网：www.cmpedu.com

目　录

译者序

地球上的生命丰富多彩、绚烂多姿，蕴含着无穷的奥秘。生命从何而来、向何处去？在漫长的历史长河中，为什么有的生物灭绝了，有的却能够坚强地繁衍至今？人类是怎么从灵长类动物中脱颖而出，发展到今天的？为什么同一物种还分为很多性状各异的品种？这些问题都与进化有关，有的问题科学家们已经给出了答案，有的还有待进一步探索。

进化论也在不断“进化”，处于持续的发展完善之中。最早提出进化理论的科学家是法国博物学家拉马克，他于19世纪初提出，生物不是上帝创造而是进化来的，会由较低等级向较高等级发展。1859年，英国生物学家、博物学家达尔文出版《物种起源》一书，认为所有物种是由少数共同祖先经过长时间的自然选择演化而成，震动了学术界和宗教界，强烈地冲击了《圣经》的创世论，为进化论打下了坚实的基础。奥地利植物学家孟德尔通过豌豆杂交实验证明，遗传物质不融合，在繁殖过程中可以发生分离和重新组合。20世纪初，摩尔根等人建立染色体遗传学说，全面揭示了遗传的基本规律。之后，科学家们又根据染色体遗传学说、群体遗传学、分子生物学等，发展了达尔文学说，建立了现代综合进化论。进化理论的发展不断吸收最先进的技术手段，将科学研究推向深入。

中国人接触进化论始于《天演论》。清朝末年，外国列强入侵中国，甲午海战后，半殖民地半封建程度大大加深。启蒙思想家、翻译家严复译介了赫胥黎的《天演论》，将“物竞天择、适者生存”的理念带到中国，向国人发出了“与天争胜、图强保种”的呐喊，对后世产生了深远的影响。

对于原作的“evolution”，中文里习惯称作“进化”，但事实上在自然界，“进化”的表现往往并非“进化”表面呈现的

“进阶”之意，而是逐步地“演化”。但是出于约定俗成的考量，本书仍然译作“进化”。

万事万物无时无刻不在进化，病毒也不例外。近年暴发的新型冠状病毒感染，从最初发现伊始，病毒毒株发生了多次变异，一些变异导致病毒毒性下降，传播性增强。对于病毒变异，在可能的范围里尽可能溯源对于病毒传播的研究大有裨益。“系统发生树”（又称“演化树”）就是一种直观地表示物种之间演化关系、亲缘分支的表达方法，在疫情暴发之初，你可能在微信公众号上见过它们，也或许在严肃的学术论文中看到过。

进化论包罗万象，希望大家能在本书找到自己喜欢的内容，祝各位读者阅读愉快，能够增长见识、有所收获。

最后，请允许译者借此机会对帮助完成本书审定和出版工作的同事致以诚挚的感谢。

译　者

前言

马克·费洛维斯、尼古拉斯·巴蒂

进化是由自然选择和生殖选择共同作用的结果，带来了丰富多样、相互依存的地球生命。从某种意义上说，进化是一种理论，并且随着科学研究的不断深入，我们对进化的理解也在持续修正和发展。但事实上，进化的含义远不止于此——它是一种对现代生物学和自然历史至关重要的思维方式。从语言发展到物种保护等多个领域，进化都是核心概念。

进化也能解释人类的起源，由于与某些宗教解释相悖，所以进化论有着“丰富多彩”的历史。查尔斯·达尔文的《物种起源》曾引发激烈辩论。1860年，主教塞缪尔·威尔伯福斯（因能言善辩被人称为“油嘴山姆”）向辩论对手托马斯·赫胥黎（被人称作“达尔文的斗牛犬”）发难：“这个声称与猩猩有血缘关系的人，究竟是祖父那边是猩猩，还是祖母那边是猩猩？”赫胥黎对此答道：“相比于一个滥用才干和影响力极尽嘲讽他人的人，我更愿意跟一只猩猩有血缘关系。”

最近，社会生物学基于适应性进化理论，给出了人类行为许多方面的解释，遭到一些人的强烈反对。理查德·道金斯在解释利他主义时也用了“自私”一词，加剧了这种争议。进化论的产物之一是优生学，认为可以通过选择性繁殖来改善人类种群，这与某些种族主义计划有着令人不安的联系。

然而，这些争论几乎都是在进化思维应用于人类的时候出现的，也掩盖了进化理论的重要性。进化理论研究的是所有生命形式（植物、动物、真菌、细菌和原生生物）的多样性，为人们理解目前地球上存在的至少870万个物种的形成提供了前后连贯的解释。通过研究种群遗传、物种形成过程和物种灭绝，进化理论不仅能解释过去的事件，还能预测生命的未来。这些有助于我们理解每个物种的形成都是偶然事件，都是不可思议的进化力量的产物，永远不能复制，值得人类珍惜。进化通过自然选择和生殖选择，造就了丰富多样的生物圈。

相比其他因素，时间对生命的进化更为重要。我们很难确切掌握生命进化的时间跨度，因为我们自然而然地以自己的寿命、国家的兴衰为尺度思考，或者最多以人类从远古文明分化出来的几千年来作为参照。然而，进化过程发生的尺度通常为数百万年（对于人类而言大约为700万年）或数亿年（恐龙大约存在了2亿年）。后页的地质时间表总结了本书各章节中广泛提及的地质代、纪、世。较复杂的生命形式在寒武纪生命爆发后（大约5.5亿年前）得到进化，而地球形成于寒武纪时代之前的大约40亿年前。寒武纪时代对于生命基本要素（RNA、DNA、蛋白质、细胞）的演化至关重要。地质时间表还展示了各类动物群体占主导地位的年代。与此同时，植物也在不断进化：石炭纪时，石松属、蕨类和木贼属植物大量出现；白垩纪时，被子植物（开花植物）以及哺乳动物开始兴盛。

但这并不意味着进化以这种速度进行，而是说从这种时间跨度我们可以看到物种进化的宏伟景象。正如山脉是由剧烈的地壳运动形成而又不断受到侵蚀一样，进化和灭绝总是同时进行，我们只是从时间的维度看结果。实际上，自然选择就在我们身边发生，病菌对抗生素的抗药性以及昆虫对杀虫剂的抗药性已经广为人知。加拉帕戈斯地雀和苹果实蝇等例子都表明，自然选择是生命的一部分，随着时间流逝可能会出现新物种。但是，灭绝与进化同时发生，而且毫无疑问的是，在人类活动的负面影响下，现在自然选择的创造力无法跟上人类对生命多样性的侵蚀。

本书从七个不同的角度看待进化。“进化的历史”一章探讨现代进化理论的形成，首先是达尔文通过自然选择理论对物种起源

地质年代表[1]

代	古生代					
纪	寒武纪	奥陶纪	志留纪	泥盆纪	石炭纪	
世					密西西比世	宾夕法尼亚世
距今大约年代/百万年	海洋无脊椎动物期		鱼类期		两栖动物期	
	545	505	438	408	360	320

[1] 不同地区的地质年代表略有不同，本表为原书直译。

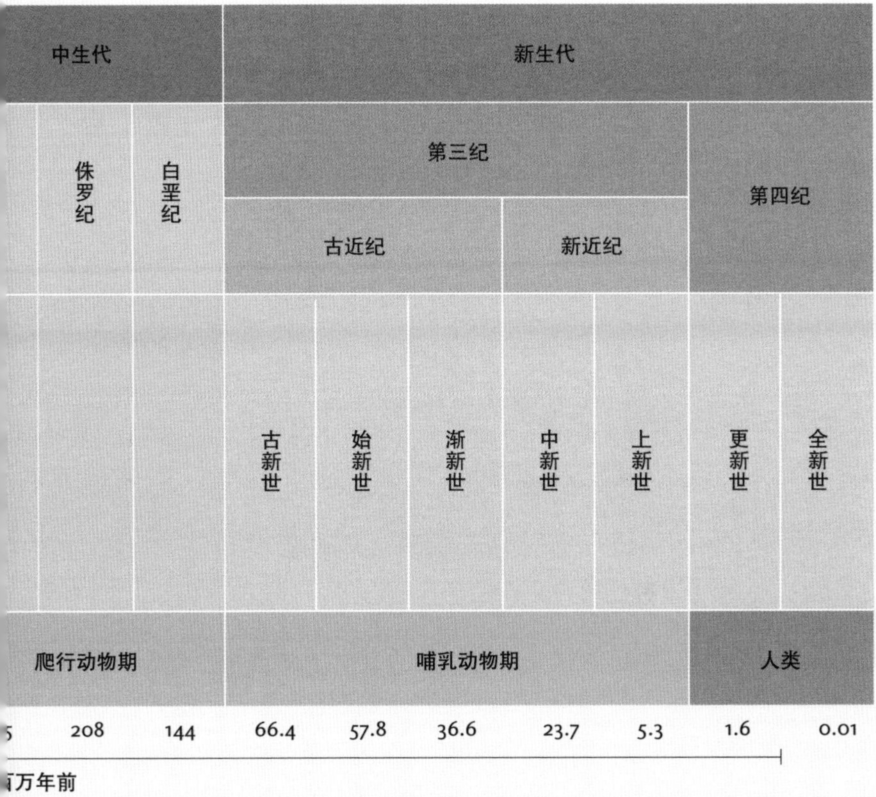

中生代			新生代						
	侏罗纪	白垩纪	第三纪					第四纪	
			古近纪			新近纪			
			古新世	始新世	渐新世	中新世	上新世	更新世	全新世
爬行动物期			哺乳动物期					人类	
5	208	144	66.4	57.8	36.6	23.7	5.3	1.6	0.01

万年前

进行解释，而后人们不断认识到基因既是稳定遗传中介又是个体变异根源。“物种起源”一章介绍了有关现代物种形成及其遗传基础的观点。“自然选择”一章阐述了基因在种群中的行为，以及种群在应对压力时不断适应的方式。“进化历史与物种消亡”一章重点研究了地质记录及其对物种历史的启示。“进行中的进化”一章描述了进化的原理，包括当代飞蛾的工业黑化现象以及对与达尔文主义相反的利他主义的解释。有性生殖允许等位基因交换，死亡是优胜劣汰实现的途径——“有性生殖与死亡”一章研究了这些现象如何在进化框架内发挥作用。最后一章“人类与进化”描述了人类如何进化，推测我们进化的未来，并指出人类进化可能背离自然选择。

进化理论本身不断发展，涉及生活的几乎所有方面。为了帮助读者更好地理解进化的多样性，本书中的每个主题都配有言简意赅的语言（3秒钟灵光一现）和一些更具推测性的内容（3分钟奇思妙想）。这可能像是正常思维的细微变异，是一种模因混入了可在人际传播的思想之中，但思想却很少像基因那样不断原样复制。

最后，奉上如何使用本书的建议：深入其中，享受其中，被感同身受，不断探索。生命就在前方召唤。

进化的历史

进化的历史
术语

生物多样性　一个环境中的动物和植物生命范围，通常取决于物种的总数。

神创论/创造论　认为地球和宇宙以及所有当前形式的生物，都是神灵直接创造的，是超自然行为的产物，而不是通过自然进化而来的。

优生学　促进生育人类最优的后代。英国人类学家和博学家弗朗西斯·高尔顿（1822—1911）最初将其定义为“对生产高种类人群……条件的研究”。

适应性　较好地适应或适合环境。在进化意义上，“适者生存”是指最适合生存并传递遗传物质的个体。

配子　在有性生殖的受精过程中融合的两种生殖细胞：卵细胞和精细胞。

遗传漂变　基因特定变异的频率变化，变动原因不是由于选择过程引起的，而是随机波动。

基因型　使单个有机体或细胞具有独一无二的遗传指令，包括平行染色体中的变体。通常和表型相对。

地质世/纪/代　地质学家划分地质时间尺度使用的单位。“代”共有14个，通常是数亿年；“代”往下的单位是“纪”，再往下是“世”。“纪”可能是大家最熟悉的，有白垩纪、侏罗纪、志留纪和寒武纪等。

遗传　生物体向后代（及其后代）传递特征的过程。后代继承了这些特征。遗传学是研究遗传的学科。

同源　器官或机体部分在结构或功能上的对应关系，无论是身体两侧，还是不同性别、物种间，反映出共同的遗传血统。这个概念也应用于基因及器官中。

界 最初是对自然物体（动物、植物和矿物）的最高分类，但现在已经成为高于“门”、低于“域”的分类。“界”包含动物界、植物界、真菌界、原生生物界和原核生物界（原核生物界有时再细分为古菌域和细菌域）。

林奈分类法 卡尔·林奈设计的生物分类法。自林奈以来，现代分类学已较林奈时期得到了相当大的发展，包括界、纲、目、科、属和种。

表型 特定生物体的可见特征，有时与“基因型”形成对比。基因型是遗传指令，也就是生物体中所有基因的组合。

间断平衡 美国生物学家史蒂芬·杰伊·古尔德提出的进化理论，该理论认为，物种在很长时间里进化很小，而在一个物种演化为两个物种的一段时期的之前和之后，则会发生相对快速的进化。此外，最常见的进化观点是种系渐变论，后者认为渐进式的变化最终会导致变体成为新物种。

骤变 认为大规模的突变可以立即产生新物种。常与间断平衡相混淆，后者说的是物种的产生相对较快，但仍然要经历数千年或数万年。

种 生物分类的单位，是原始分类学等级中最低的一级，传统上定义为能够杂种繁殖的一群生物，现代用法中情况有所改变。物种传统英文名称分为两部分，例如Homo sapiens（智人），第二个词sapiens说的是生物分类中的“种”。动物也可能有亚种，而其他“界”可能又有几个亚类。

（进化）停滞 通常是说无活动状态或停止，在间断平衡理论中，停滞指进化水平较低的时间段。

生物分类法 根据结构化的一组原则对生物体进行分类的方式。

进化前

30秒钟进化论

对“博物学之父”约翰·雷来说，世界是神圣有序的。所有生物都是按照上帝的旨意设计的，啄木鸟的腿“短而紧实”便于爬树，树叶“生产营养并为果实以及整棵植物提供富有营养的汁液”。通过揭开上帝的造物计划，人类将会更加接近造物主，更加了解上帝的理性之举。有人完全支持这种方法，包括建立了现代生物分类学系统的林奈，他将生物分类为界、纲、目、属、种。但还有一些人持不同意见，例如布丰认为地球比圣经《创世纪》篇中描述的6 000年要久远得多。布丰认为，诸多行星最初起源于太阳，之后逐渐冷却。他将地球的年龄大致定为约70 000年，并推测物种可能是自然起源的。但布丰在古时是一个异类。即便在19世纪初，人们还普遍认为，自然世界是在创世之初由神圣之手创造的生物组成，这些生物是亘古不变的。

3秒钟灵光一现

日常生活经验暗示物种是一成不变的，圣经说生命是上帝创造的。

3分钟奇思妙想

也许人们认为物种是一成不变的想法并不是很愚蠢，毕竟在自然界中，物种的变化并不明显，而且它们在功能和行为上通常都很精巧。人们花了很长时间才搞明白有些显而易见的现象实际上是错误的，比如太阳围绕地球旋转。同样，物种进化的想法是违反直觉的，一度遭到强烈抵制。科学有时会颠覆常识。

相关话题

争议 18页
物种与生物分类法 24页

3秒钟人物

约翰·雷
JOHN RAY
1627 — 1705
英国博物学者，最早进行生物分类的学者之一。

卡尔·林奈
CAROLUS (CARL) LINNAEUS
1707 — 1778
瑞典学者，开创了现代生物分类法。

乔治·路易·勒克莱尔，布丰伯爵
GEORGES-LOUIS LECLERC, COMTE DE BUFFON
1707 — 1788
法国博物学家，撰写了多卷本的《自然通史》。

本文作者

尼古拉斯·巴蒂

从前，大多数人仰望星空时，认为宇宙是造物主精心设计的手工艺品。

进化与原型

30秒钟进化论

19世纪上半叶，多种关于物种性质和起源的理论盛行于世。在法国，主要的博物学家之间意见相左：拉马克认为生物会突变或进化为其他物种，古生物学家乔治·居维叶则认为这种变化不可能发生。在德国，诗人歌德有着更为理想的看法，认为“生物蓝图”支持了生命的发展和变化。在英国，理查德·欧文在1848年将这些不同的影响概括为“原型”的概念，尤其是指脊椎动物原型。脊椎动物的骨骼被概括成一个蓝图，上帝用它来（连续地）塑造世间的脊椎动物，人类就是上帝创造的最新、最接近完美的物种。尽管原型论认为存在神圣的造物主，但也认为物种变化是存在的。因此，从某种意义上说，它预见了十年后发表的达尔文进化论，但它与哲学唯心主义的联系意味着原型论对其他科学家几乎没有影响。欧文的主要竞争对手T.H.赫胥黎（后来成为达尔文最坚定的支持者）认为，原型论“从根本上违背了现代科学的精神”。但原型论为达尔文把人们的思想从理想中的原型转变为现实中的祖先奠定了基础。

3秒钟灵光一现

达尔文之前有“原型”的概念，达尔文之后有了“祖先”的概念。

3分钟奇思妙想

哺乳动物种类繁多，如蝙蝠、鼹鼠和海豚，它们非常相似的骨骼构成了翅膀、爪子和胸鳍。理查德·欧文将这种同源性与功能相似但解剖上不同的器官（例如蝙蝠和鸟的翅膀）进行了对比。尽管欧文支持的原型论被进化论替代，但这种区分是欧文的历史性贡献。

相关话题

主要动植物群体的出现　72页
新物种　94页

3秒钟人物

约翰·沃尔夫冈·冯·歌德
JOHANN WOLFGANG VON GOETHE
1749 — 1832
德国诗人，探索了植物的形态变化。

乔治·居维叶
BARON GEORGES CUVIER
1769 — 1832
法国博物学家，任职于法国巴黎国家自然历史博物馆。

理查德·欧文
RICHARD OWEN
1804 — 1892
英国解剖学家，创建了伦敦自然历史博物馆。

本文作者

尼古拉斯·巴蒂

理查德·欧文提出了原型论。

变异与选择

30秒钟进化论

查尔斯·达尔文在《物种起源》一书的开头讨论了家养动植物的变异。他沉迷于养鸽，加入了伦敦的两家养鸽俱乐部，并在此过程中发现“鸽子种类的多样性令人惊讶”。从英国信鸽、短面翻飞鸽、巴巴里鸽到球胸鸽、浮羽鸽、毛领鸽、喇叭鸽和笑鸽，这些鸽种在许多方面都明显不同。然而，达尔文认为，它们全都来自一种野生物种，即野生岩鸽。这一切是怎么发生的呢？在驯化过程中，人类挑选出特定个体，“关键在于人类累积选择的力量给大自然带来连续的变异，人类在对自己有用的方向上积累变异。从这个意义上说，人类为自己‘制造’了有用的品种。”以此类推，野生物种有所不同，自然（而不是人类）是挑选者。在对资源的竞争中适应能力最强的个体才能蓬勃发展，换句话说，它们是被选中的。通过适应不断变化的环境，新物种就产生了。自然选择是达尔文的关键理论，体现了他对进化机制的决定性洞见。

3秒钟灵光一现

达尔文进化论的核心思想是可以通过选择来增强变异。

3分钟奇思妙想

达尔文曾预见到他的理论会遇到阻力，特别是那些信奉造物主的“创造计划”的博物学家。他将希望寄托在年轻一代身上，他相信年轻人会更加公正、更易接受能够解释某些事实的理论，尽管该理论还解答不了其他问题。现在看来，达尔文的乐观得到了回报。然而，直到大约80年后，自然选择的理念才被完全接受。

相关话题

现代综合进化论
16页
从适应到物种形成
36页
选择的类型　56页

3秒钟人物

查尔斯·达尔文
CHARLES DARWIN
1809—1882
英国博物学家，和其他学者共同提出了通过自然选择的进化理论（1858年）。《物种起源》（1859年）详细说明了该理论。

阿尔弗雷德·拉塞尔·华莱士
ALFRED RUSSEL WALLACE
1823—1913
英国博物学家，自然选择进化论的共同提出者。

本文作者

尼古拉斯·巴蒂

达尔文意识到，自然界中存在着一种选择性（人工）繁殖，即自然选择。

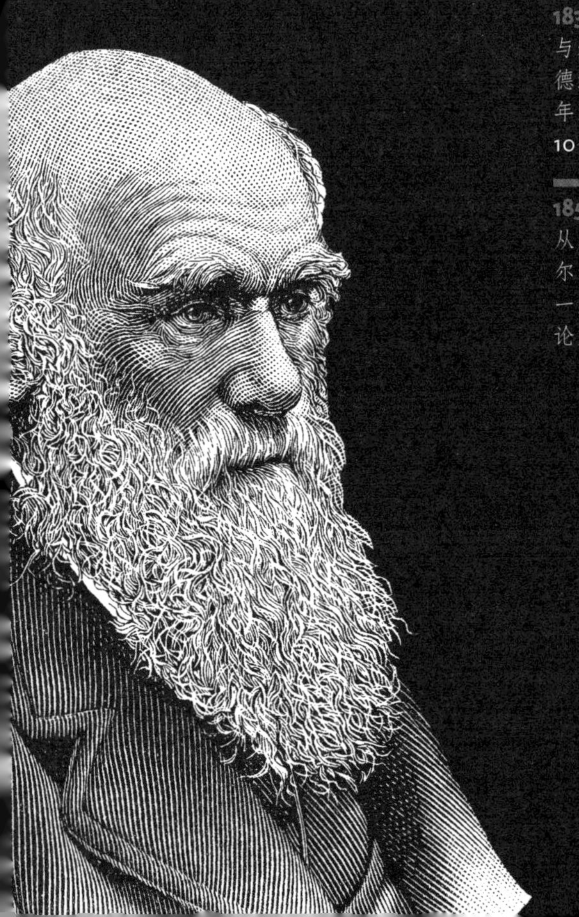

1809年2月12日
生于英格兰什鲁斯伯里，父母是罗伯特和苏珊娜。

1831年
获得剑桥大学普通学位。

1831年12月27日
乘坐小猎犬号从普利茅斯出发。

1835年9月15日
小猎犬号探险队到达南美大陆附近的加拉帕戈斯群岛。

1836年10月2日
小猎犬号返回英国，登陆法尔茅斯。

1839年1月24日
当选为英国皇家学会院士。

1839年1月29日
与表姐艾玛·韦奇伍德结婚，两人在1839年至1856年之间育有10个孩子。

1858年6月18日
从阿尔弗雷德·拉塞尔·华莱士那里收到一篇有关自然选择的论文。

1858年7月1日
达尔文和华莱士的论文共同提交给林奈学会。

1859年11月24日
《物种起源》一书出版。

1860年6月30日
牛津大学自然历史博物馆举行关于进化论的辩论。

1871年2月24日
《人类的由来及性选择》出版。

1882年4月19日
在肯特郡的家中因心脏病发作逝世。

2002年
英国广播公司举行“最伟大的100名英国人”投票活动，达尔文排名第四，在所有科学家中排名第一。

人物传略：查尔斯·达尔文

CHARLES DARWIN

达尔文家人原本打算让他成为医生，并送他到爱丁堡大学攻读医学，在那里他度过了平平无奇的两年，之后转到剑桥大学拿到了文学学士学位，目标是到英格兰教会工作。在教会达尔文逐步萌生了收集甲虫的兴趣，同时与一位植物学教授的友谊与日俱增，这对达尔文的启发远胜于神学研究。在剑桥大学的最后几个月，达尔文学了地质学，他的老师约翰·亨斯洛推荐他与小猎犬号船长罗伯特·菲茨罗伊一起，测绘南美洲海岸线的地图，这改变了达尔文的一生。在五年的旅行中，达尔文忙活得最多的可能是地质研究，同时也收集了大量动植物标本，研究了从浮游生物到猛犸象骨骼化石的各种事物。最后小猎犬号途经澳大利亚和好望角返航。

对达尔文后来提出进化理论最重要的是对加拉帕戈斯群岛的研究。他从不同岛屿鸟类和乌龟之间的差别推测，动物物种并不像之前认为的那样一成不变。这些想法在他返回英国后被搁置一边，但到了第二年达尔文开始整理笔记，指出物种可能会发生变化，物种的进化可以分支树的形式呈现。

达尔文并不急于发表他的研究成果，直到小猎犬号返航22年后收到英国博物学家阿尔弗雷德·拉塞尔·华莱士的来信，达尔文才决定将他的理论公之于众。那时，达尔文刚开始着手著书，但华莱士的信简要概述了与自然选择几乎相同的理论。尽管从技术上讲，华莱士率先提出了自然选择理论，但他并没有持续深入研究。华莱士和达尔文合著的论文于1858年7月在林奈学会联合发表，论文并没有引起多少关注，而达尔文的《物种起源》一书却引起轰动，一出版就售罄。达尔文继续在《人类的由来及性选择》（1871年）中将对人类的研究引入自然选择理论之中。

达尔文还撰写了一些其他著作，他的历史地位现在看来理所当然是因为自然选择理论取得的。1882年，达尔文在肯特郡的家中与世长辞。

布莱恩·克莱格

孟德尔的研究成果被重新发现

30秒钟进化论

自然选择依赖变异实现进化，这是达尔文理论的关键，但变异是如何产生并世代相传的？寻找答案需要数十年时间，但格雷戈尔·孟德尔迈出了重要一步。他发现豌豆植物的离散型性状（比如高矮）有规律地向子代传递。每个性状都由亲代的一个因子决定，而一个因子相比另一个总是表现为显性（比如，豌豆光滑是显性性状，皱皮是隐性性状）。孟德尔的研究成果发表于1866年，但直到1900年才被人重视。1900年之前，开创遗传学的科学家们一直认为，离散型性状出现重大改变（“骤变”）是产生新物种的原因，而不是自然选择逐步作用于较小的变异。这些“骤变学家”将孟德尔的发现作为印证他们进化理论的证据。这意味着，尽管1859年《物种起源》出版后，共同祖先的进化观念很快被接受，但达尔文提出的自然选择机制却受到了挑战。直到20世纪30年代，孟德尔的遗传定律才被最终证明与达尔文的思想是相通的。

3秒钟灵光一现

达尔文认识到变异的重要性，孟德尔通过研究生物性状的代际间传递来加深人们对变异的认识。

3分钟奇思妙想

孟德尔是一位业余科学家，他选择豌豆作为研究对象，因为豌豆能够纯育出他感兴趣的性状。孟德尔通过系统研究获得了清晰的成果。他将研究成果寄给了瑞士植物学家卡尔·冯·内格里，后者吹毛求疵、不乐意帮忙，还认为孟德尔应该研究山柳菊；但是山柳菊的繁殖方式非同寻常，雄性植株很少遗传给子代。因此，孟德尔无法将研究结果进一步归纳成理论，直到去世后其研究成果仍不被科学界认可。

相关话题

认识种群中的基因
14页
突变与物种形成
34页
遗传变异　52页

3秒钟人物

格雷戈尔·孟德尔
GREGOR MENDEL
1822—1884
奥地利修士，发现了遗传定律。

威廉·贝特森
WILLIAM BATESON
1861—1926
英国生物学家，孟德尔的拥护者，于1905年提出“遗传学”这一术语。

本文作者

尼古拉斯·巴蒂

孟德尔有很高的数学水平，能够清晰地表达实验结果。

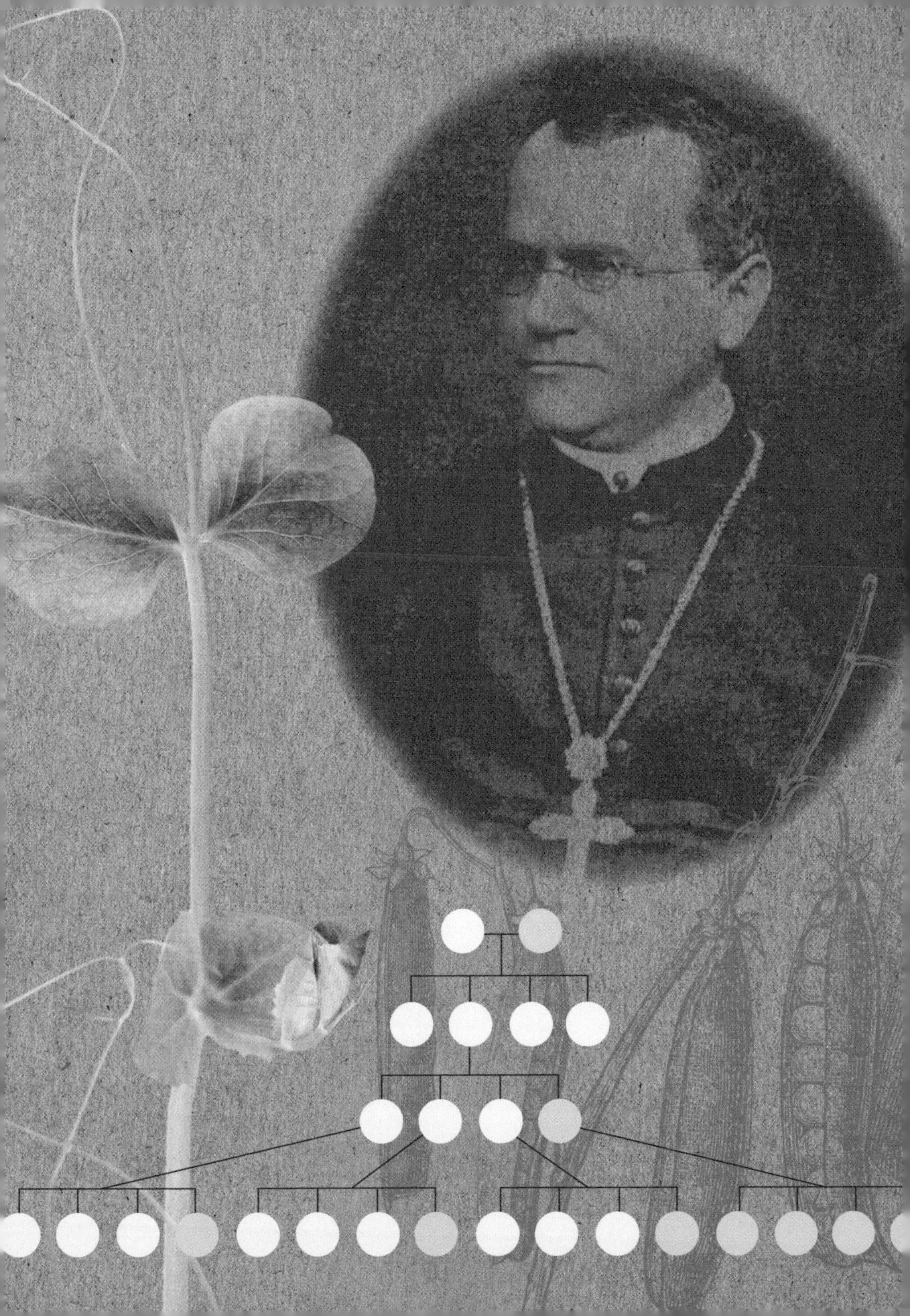

认识种群中的基因

30秒钟进化论

1900年孟德尔的研究成果被重新发现后，遗传学领域取得了重大进展，其中执牛耳者是美国遗传学家T.H.摩尔根的研究团队。他们用黑腹果蝇进行研究，证实染色体的某些区域（“基因”）是遗传单位。雌雄配子（精子和卵子）在形成过程中，通过染色体继承了父本和母本的性状。这为孟德尔描述的性状在代际间按规则进行的不连续传递提供了物理基础。该研究团队还分析了染色体的连接和重组效应，发现突变是基因发生新变异的机制。摩尔根为遗传研究奠定了物理基础，对科学做出了贡献，为此于1933年获得了诺贝尔奖。与此同时，罗纳德·费希尔、J.B.S.霍尔丹和休厄尔·赖特用数学方法描述了种群中基因的行为，并证明孟德尔定律可以与达尔文的自然选择学说相协调。根据大量基因共同作用以及孟德尔发现的性状不连续传递现象，可以解释许多性状为什么是连续地而不是离散地变异。因此，研究种群基因的定量方法有助于将遗传与进化联系起来。

3秒钟灵光一现

数量遗传学为自然选择的进化理论奠定了坚实基础。

3分钟奇思妙想

T.H.摩尔根非常坦白直率。1905年，他拒绝承认达尔文关于物种起源的理论：“新物种是生育出来的，并不是由达尔文所说的方式出现的，自然选择理论与物种起源无关，而与物种的生存息息相关。”此时，摩尔根设想物种会通过跳跃性突变出现，也就是经历重大、成规模的变异。但是随着实验证据的逐步积累，他改变了看法，接受了达尔文的自然选择观点。

相关话题

孟德尔的研究成果被重新发现　12页
基因　48页
遗传变异　52页

3秒钟人物

T.H.摩尔根
T.H. MORGAN
1866—1945
美国遗传学先驱，为遗传学奠定物质基础的关键人物。

罗纳德·费希尔
RONALD FISHER
1890—1962
英国数学家，在1930年出版的《自然选择的遗传学理论》一书中讨论了自然选择影响种群基因的方式。

本文作者

尼古拉斯·巴蒂

T.H.摩尔根的果蝇实验揭示了基因的特性，证明了突变的关键作用。

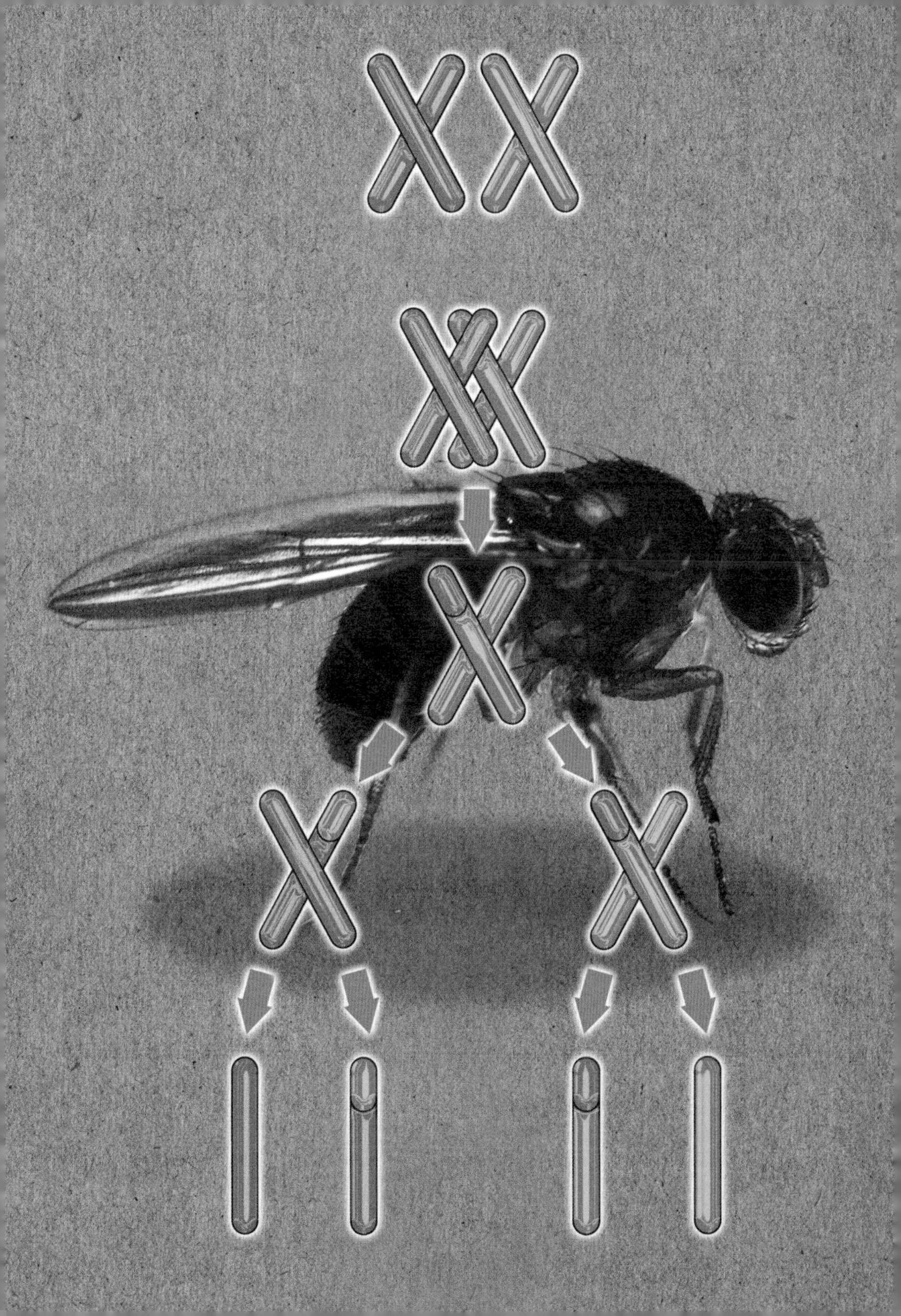

现代综合进化论

30秒钟进化论

现代综合进化论结合了遗传学和自然选择的思想。该说法来自朱利安·赫胥黎的著作《现代综合进化论》（1942年），该书强调了孟德尔理论和达尔文进化论的相容性。其中的挑战是解释生物体对环境的适应性，适应性带来了生物惊人的多样性；每个个体都不同，而个体组成了自然分化的单元——物种。赫胥黎分析了物种的形成方式，阐述了地理隔离、生态特化和遗传差异对物种形成的相对重要性。该书体现了时代的精神，反映出科学界已经就进化过程的机制达成广泛共识。但争议仍然存在：选择的单位是基因、个体还是种群？进化是渐进的，还是说化石记录表明物种迅速形成而后又长期停滞不前（“间断平衡”）？对环境的适应总是塑造了物种，还是说遗传漂变导致进化是中性的？文化的影响日趋繁复，如何将进化思维用于研究人类本身？诚然，后来出现的科学方法已经达成共识，主导了生物学和对地球生命的更广泛思考。

3秒钟灵光一现

进化生物学和遗传学有机结合后，达尔文的学说获得了广泛支持。

3分钟奇思妙想

进化是不断进步的吗？赫胥黎的结论是：“总体趋势可以称为进步，连同对它局限性的定义，仍将是进化生物学对人类思想的基本贡献。”J.B.S.霍尔丹持有不同观点，他在1932年出版的《进化的原因》（赫胥黎从此书中获益良多）中写道：“谈到进化的进步时，我们已经与科学客观之根基愈行愈远了，迈向不断变化的人类价值观念的沼泽。”围绕着人类价值观，充满着与进化有关的争议。

相关话题

认识种群中的基因
14页
争议　18页
进化速率与物种灭亡
74页

3秒钟人物

费奥多西·多布然斯基
THEODOSIUS DOBZHANSKY
1900—1975
乌克兰裔美国遗传学家，为建立现代进化综合学说做出了贡献。

朱利安·赫胥黎
JULIAN HUXLEY
1887—1975
英国动物学家、野生动物保护主义者和优生主义者。

休厄尔·赖特
SEWALL WRIGHT
1889—1988
美国进化遗传学先驱。

本文作者

尼古拉斯·巴蒂

朱利安·赫胥黎是达尔文理论支持者，是T.H.赫胥黎的孙子。

争议

30秒钟进化论

进化是基于经验证据的有关创造的理论，汇集了化石、物种分布、DNA序列和形态学的研究成果。进化使我们能够理解生命的多样性，而且回答了我们是谁、我们从何而来的重要问题。进化涉及范围非常广，意义深远，挑战了其他观点。在达尔文之前，人们只能接受基于传统的有关物种起源的故事——神创论。达尔文之后，神创论的理论难以持续。但是，人们对进化理论的接受程度仍然存在差异，英国大约三分之二的人接受进化理论的观点，而在美国则不到一半。另一个与进化有关的争议问题是优生学。优生学主张通过规范育种来改善人种，这个观点曾在19世纪晚期和20世纪早期得到很多生物学家的认同。例如，有人主张提高上层阶级的生育水平，反对穷人生育。美国某些州曾制定过针对“劣等人群”的绝育计划。但是纳粹对雅利安“缺陷人”和对犹太人的极端迫害使优生运动声名扫地。二战后，优生学研究重新回归人类本身和医学遗传学，这个领域由于选择和个人信仰问题目前仍存在争议。

3秒钟灵光一现

进化的观点是有争议的，因为它挑战了人们的既有认识和假设。

3分钟奇思妙想

基因型影响人类的发育、疾病、行为、智力和性格，事实上影响我们生活的方方面面。现在，我们有能力通过医学遗传学来改变基因型。进化的观点表明，我们的未来不是预先确定的，但是优生学的历史提示我们要“谨慎对待”。查尔斯·达文波特等人以当代偏见助长了错误的科学之风，妄图消除人类变异，而人类变异正是人类中进化最有价值的源泉。

相关话题

进化前 4页
人类进化的未来 140页

3秒钟人物

弗朗西斯·高尔顿
FRANCIS GALTON
1822—1911
英国博学家，提倡优生学。

查尔斯·达文波特
CHARLES DAVENPORT
1866—1944
美国优生主义者，纽约冷泉港实验室主任。

本文作者

尼古拉斯·巴蒂

早期的优生论者用系谱图来改善遗传质量，极端的例子是纳粹用其追踪犹太人血统。现代系谱图显示了特定性状（如秃头）的遗传。

Die Nürnberger Gesetze
Deutschblütiger
Mischling 2. Grades
Mischling 1. Grades
Jude
Jude

物种起源

物种起源
术语

无性繁殖 只有一个亲本的生物体繁殖方式，子代是亲代基因的拷贝或克隆，仅携带来自亲本的基因。包括单性生殖、裂变、出芽繁殖和营养繁殖。

纲 最初是动物、植物和矿物“界”的细分类别。现在是生物分类法的一级，在“目”之上，低于“门”。例如，哺乳动物就属于哺乳纲。

基因型 使单个有机体或细胞具有独一无二的遗传指令。通常和表型相对。

属 一类具有共同特征使其不同于其他类型的生物，“属”是一种生物分类学等级，位于“种”之上“科”之下。在物种拉丁语命名的结构中，第一个词表示“属”，第二个词表示“种”（例如，在智人的学名Homo sapiens中，homo表示“人属”，sapiens表示“种”）。

杂交 杂交种通常是不同物种亲本之间杂交繁育的生物体，也可以发生在不同亚种、属之间，偶尔也发生于不同科之间。

界 最初是对自然体（动物、植物和矿物）的最高分类，但现在已经成为高于“门”、低于“域”的生物分类等级。“界”包含动物界、植物界、真菌界、原生生物界和原核生物界（有时分为古菌域和细菌域）。

基因水平转移 在生物体之间转移基因，而不是通过繁殖传递基因。

林奈分类法 卡尔·林奈设计的生物分类法。自林奈以来，现代分类学已较林奈时期得到了相当大的发展，包括界、纲、目、科、属和种。

突变 个体遗传物质的变化，可以传给下一代。突变有可能引起表型的改变，但不一定总是发生。

目 生物分类法中介于“纲”和“科”之间的分类，如灵长目和鳞翅目。

表型 特定生物体的可见特征，有时与“基因型”形成对比。基因型是遗传指令，也就是生物体中所有基因的组合。

系统发育/系统发生树 一种分支图，有时也称为“生命树”，用以显示物种之间的进化联系。系统发生树最初是基于物理特征，但现在更多地取决于遗传相似性。

种 生物分类的单位，是原始分类学等级中最低的一级，传统上定义为能够杂种繁殖的一群生物，现代用法中情况有所改变。物种传统英文名称分为两部分，例如Homo sapiens（智人），第二个词sapiens说的是生物分类中的“种”（species）。动物也可能有亚种，而其他“界”可能又有几个亚类。

分类单元 特定单位（例如“种”）中生物的组合。分类单元是结构化分类中的基本组成部分，例如林奈系统。

分类学障碍 我们对地球上生物分类认知的局限性。大多数物种可能尚未正确分类（并且缺乏分类学家来完成此任务），这一情况有时被称为分类学障碍。

分类学家 从事生物学分类的人员，通常是活生物体分类的专家。

生物分类法 根据结构化的一组原则，对实体进行分类的方式，包括生物中的机体。

物种与生物分类法

30秒钟进化论

达尔文在《物种起源》第十四章开头写道："从世界历史最久远的时代起，生物彼此以相似的程度逐渐递减，所以它们可以在群下再分成群。"这种群组中的嵌套层次结构在18世纪的林奈分类系统中就已经很明显了，林奈分类法在达尔文时代已经得到使用，直到今天。建立并不断修正分类以反映新发现的工作落在了分类学家身上。他们的艰巨任务是发现并描述所有的物种，将它们分成嵌套的组，并赋予每个组一个等级，同时还要遵循复杂的命名规则。地球上可能存在大约900万种真核生物（含有细胞核的生物），而得到编目的不到四分之一。我们依靠生物分类信息来保护、管理和利用生物多样性。全球生物分类信息的短缺，被称为生物分类障碍。分类学家抱怨说，尽管人类曾在月球上行走，到火星上寻找生命，并对人类基因组进行测序，却忽略了记录与人类朝夕相处的地球物种这项紧急任务。

3秒钟灵光一现

分类学家努力记录物种、建立分类，以反映物种在灭绝前的进化轨迹。

3分钟奇思妙想

林奈分类法的基本单位是"种"——物种是否真实存在，是进化所作用的实体，还是和更高等级的群组一样是分类学家任意创造的产物？这些问题现在还充满争议。无论真实与否，识别并描述物种存在很多问题。其中的一个问题是，没有一个所有分类学家都认可、普适的物种概念。

相关话题

查尔斯·达尔文
10页
建立种系发生学
26页

3秒钟人物

卡尔·林奈
CARL LINNAEUS
1707—1778
瑞典植物学家，提出了生物命名的分类体系和通用规则。

查尔斯·达尔文
CHARLES DARWIN
1809—1882
英国博物学家，其理论解释了物种的自然分类可以在群下再分成群。

本文作者

朱莉·霍金斯

分类学之父卡尔·林奈，出身贫寒，最终成为欧洲最伟大的科学家之一。哲学家让·雅克·卢梭说："我知道的世人中，没有人比他更伟大。"

建立种系发生学

30秒钟进化论

1837年，达尔文在他的笔记本上画了一幅树形图，并在上面写了“我认为”（I think）。达尔文相信，他的图代表了经过改变的血统传承的预期结果，也就是进化过程本身。达尔文的图是种系发生学的最初描述。种系发生学，或者说是系统发生树，描绘了几百万年来原始物种进化为新物种的过程。因此，种系发生学描述了物种之间的相互关系。种系发生学还告诉我们很多更具包容性的分类学群体（如属、科或目）的相互关系。毕竟，“种系发生学”一词的字面意思是群体的发生或起源。从历史上回溯，种系发生学建立在对物种形态特征进行异同分析之上。如今，遗传数据已取代形态特征成为构建种系发生学的首选数据。通过研究基因序列数据，科学家更准确地观测物种或群体间的相关性，这些数据的使用改变了我们对很多物种进化的看法。例如，直到20世纪90年代，科学家们一直认为河马与猪联系紧密。但是，通过基于基因序列数据构建的系统发生树，我们现在知道它们实际上距离鲸和海豚更近。

3秒钟灵光一现

种系发生学为人们了解原始物种如何产生后代物种提供了真实、直观的视图。

3分钟奇思妙想

相比于大猩猩，人类与黑猩猩关系更近，原因是大约500万到1000万年前，人类和黑猩猩拥有共同的祖先。然而，种间杂交和基因水平转移在某些生物体（特别是植物和细菌）更为常见。为这些物种建立系统发生树将会产生什么效果，想来甚为有趣。

相关话题

物种与生物分类法
24页
突变与物种形成
34页

3秒钟人物

查尔斯·达尔文
CHARLES DARWIN
1809—1882
英国博物学家、地理学家。

本文作者

克里斯·文迪蒂

达尔文的草图开创了种系发生学的先河。现代科学家使用基因序列数据来证明河马与猪没有密切关系。

B
C
D
1

物种形成：隔离

30秒钟进化论

物种形成（或者说是新物种的起源）过程中，生殖隔离必不可少。不难想象，环境可以在两种初始物种之间施加隔离作用，比如一条河流或一条山脉可能在地理上将两个种群分开，使它们无法繁殖。但是，要完成物种形成过程，必须发生基因进化以对基因流形成障碍，如果种群再次接触，就不可能产生可育性后代。这个过程可以通过多种形式发生。交配前隔离机制可防止交配行为的进行。例如，某些种类蜗牛的壳螺旋方向由单个基因决定，具有右旋壳的物种无法与具有左旋壳的物种进行交配，二者不能进行杂交。同样，基于基因的时间隔离可以阻碍交配。两种血缘相近的果蝇属就是这种情况，一种在早上繁殖，而另一种在下午繁殖。在某些情况下，交配可以进行，但遗传进化上的差异导致卵子未受精，或者说产生的后代不育。后面一种情况的例子是，马和驴交配可生出不能生育的骡。这些机制称为交配后隔离机制。

3秒钟灵光一现

两个种群分离后发生了遗传上的改变，相互间不能繁殖出可育性后代，新的物种就诞生了。

3分钟奇思妙想

我们都对物种是什么有直观的印象，比如说是狮子不是老虎，而生物学家对新物种的形成有深入的了解。但是，无性繁殖的生物中，事情会稍微复杂一些。在无性繁殖中，物种的后代在遗传上与亲代相同，它们也都彼此相同。那么，这些生物中是怎么发生物种形成的呢？

相关话题

物种与生物分类法 24页
隔离机制 32页
突变与物种形成 34页
从适应到物种形成 36页

本文作者

克里斯·文迪蒂

壳螺旋方向相反的蜗牛不能交配。马和驴的后代骡子通常是不育的。

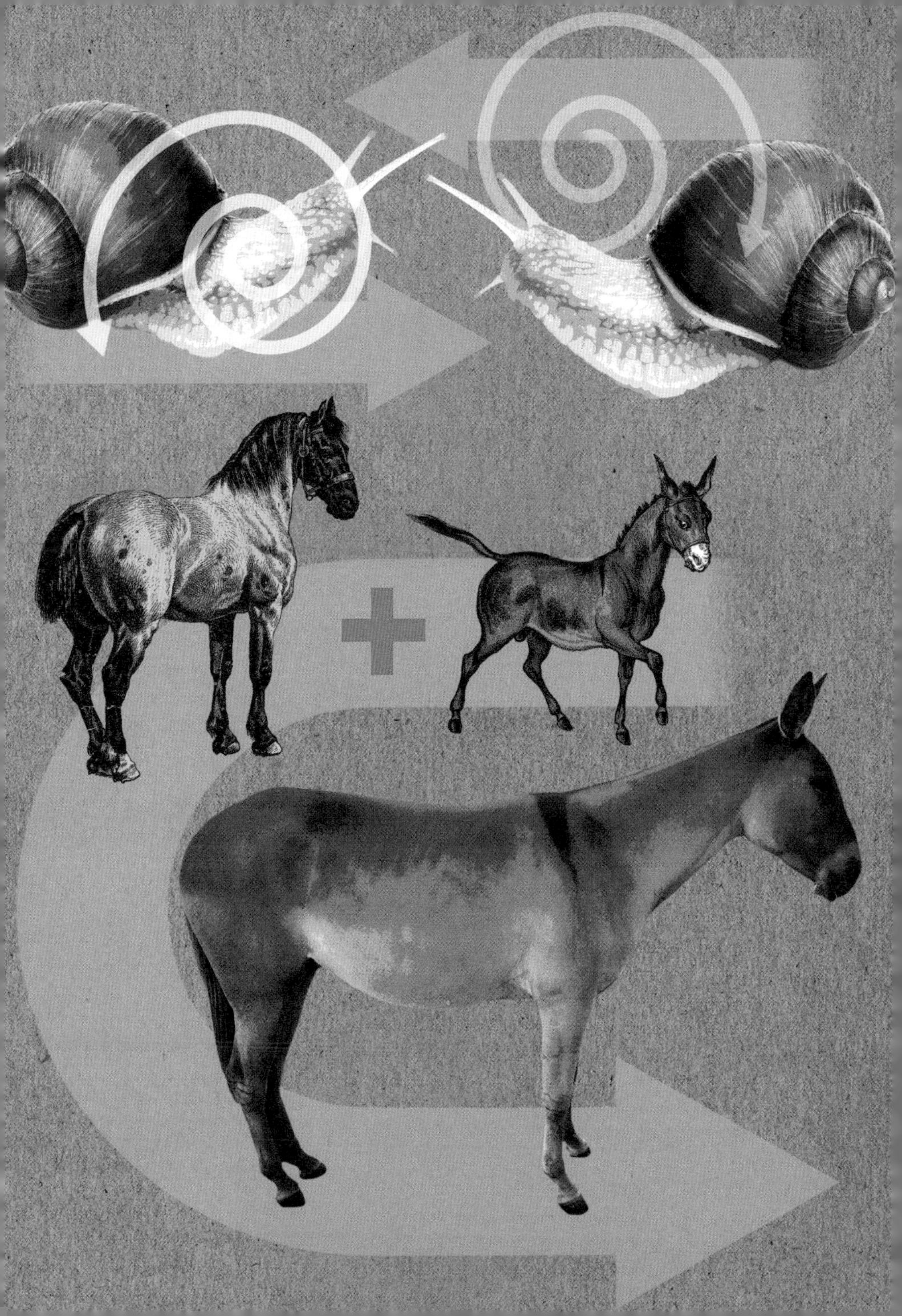

1823年1月8日
生于兰巴多克，父母是托马斯和玛丽。

1828年
一家人搬到赫特福德，在那里华莱士就读文法学校。

1837年
搬到伦敦，之后跟随哥哥到肯顿和尼思接受培训，从事测绘工作。

1848年
与昆虫学家亨利·贝茨一起乘坐“恶作剧”号考察船前往巴西。

1852年
乘坐“海伦”号返回英国，26天后发生事故。

1854年
开始对东印度群岛开展长达八年的探险，收集了超过125 000个标本。

1858年6月18日
向查尔斯·达尔文寄送关于自然选择的论文。

1858年7月1日
达尔文和华莱士将论文共同提交给林奈学会。

1866年
与安妮·米滕结婚，之后生育了三个孩子。

1869年
《马来群岛》一书出版。

1881年
英国政府向华莱士提供每年200英镑的养老金。

1913年11月7日
于多塞特郡布罗斯顿的老果园庄园去世。

人物传略：阿尔弗雷德·拉塞尔·华莱士

ALFRED RUSSEL WALLACE

尽管几乎每个人都知道达尔文，但很少有人知道阿尔弗雷德·拉塞尔·华莱士同时独立提出了进化论。华莱士父母是英格兰人，他出生于威尔士东南部一个叫兰巴多克的村庄，五岁时搬到了母亲的故乡赫特福德。由于经济困难，他十三岁时就中断了学业开始工作，最初做哥哥威廉的学徒，从事测量工作。之后，华莱士利用自己的经验在莱斯特学院中担任教师一职。

和达尔文经历相似，华莱士对收集昆虫产生了浓厚兴趣，非常适合他离开学校后做的测绘工作。在尼思机械学院教了一段时间书之后，华莱士与一位来自莱斯特郡的昆虫学家亨利·贝茨组成了一支考察队，前往巴西收集标本以供出售，同时寻找支持他关于物种演变观点的证据。考察队航行历时四年，但回程时船着了火，烧毁了华莱士收集的标本，他与船员在海上被困了十天才获救。

两年后，华莱士开始了长达八年的东印度群岛探险之旅，一直持续到1862年，期间收集了许多标本并发现了几千种先前未知的物种。在旅途中，他完善了通过自然选择进化的理论，撰写了多篇论文，最后在1858年给达尔文写了一封信，概述了他的理念，促使了达尔文完成《物种起源》一书。在达尔文的帮助下，华莱士的研究成果得以公开，但人们的注意力很快就被达尔文的著作所吸引。华莱士的慷慨精神值得世人尊敬，他在1860年写道："达尔文先生为世界带来了一门新科学，在我看来，他的名字应该排在古代或现代每一个哲学家的名字之前。我无比崇敬达尔文！"直到1866年华莱士才结婚。他曾经有一段时间生活拮据，因投资不善蒙受巨大损失，尽管拥有丰富的专业知识和研究经验却无法找到固定工作。在达尔文的帮助下，他获得了政府提供的养老金，写作也给他带来了一定的收入。华莱士90岁时去世，葬于多塞特郡。

布莱恩·克莱格

隔离机制

30秒钟进化论

很长时间以来，生物学家和科幻小说家一直对真实世界和想象之中的杂交动物兴趣浓厚。比如，斑马兽是雄马和雌斑马的杂交种，狮虎兽是狮子和老虎杂交的产物；人和黑猩猩是否能杂交呢？某些物种之间可以自由杂交，例如狮子和老虎，但由于两个物种分布不重叠，杂交仅存在于人工饲养环境中。其他物种由于存在受精前障碍而不会发生杂交。例如，许多鸟类已经进化出截然不同的求偶展示行为和性别特征，从而不会选择没有这些标志的伴侣。同样，亲缘关系相近的花卉利用不同的开花式样，以吸引不同的昆虫来授粉，或在一天的不同时间开花，从而导致生殖隔离。如果受精前障碍被克服，可能是因为人类进行了干预。达尔文在《物种起源》一书中谈到，科尔鲁特和加特纳进行了手工授粉，也就是将花粉从一种植物手动转移到另一种植物上。有时经过实验性受精后，特别是如果父母是远亲的话，无法培育出可繁殖的后代。正在进行的科学研究解释了生殖隔离的受精机理，揭示了不相容性的遗传基础。

3秒钟灵光一现

有些物种可以自然杂交，但大多数物种因为生殖隔离机制而不能杂交。

3分钟奇思妙想

生命有着共同的起源，所有生物体或多或少都相互关联。关系密切的物种之间的交配可生育出可繁殖的后代，但是为什么关系更远的生物没有保留这种杂交能力呢？想象一下，如果没有进化出隔离机制，马和鹰杂交产生的后代是什么样子！

3秒钟人物

约瑟夫·格特里布·科尔鲁特
JOSEPH GOTTLIEB KÖLREUTER
1733—1806
德国植物学家，率先进行杂交研究以探寻物种的起源，创造了烟草物种之间第一个科研培育的杂交体。

卡尔·弗里德里希·冯·加特纳
CARL FRIEDRICH VON GÄRTNER
1772—1850
德国植物学家，父亲为圣彼得堡植物学教授，家境富有，终生为植物杂交研究提供人员、场地和资金方面的支持。

乔治·雷迪亚·斯特宾斯
GEORGE LEDYARD STEBBINS
1906—2000
美国植物学家，发表了《植物的变异和进化》（1950年），这是一部具有较大影响力的著作，促进了现代综合进化论的形成，其中很重要的一个主题是隔离。

本文作者

朱莉·霍金斯

通过克服障碍进行杂交，可以产生一些不同寻常的物种，但无论如何不可能让马和鹰杂交出神话中的骏鹰。

突变与物种形成

30秒钟进化论

3秒钟灵光一现

突变是同一物种不同个体彼此不同的原因，也是通过自然选择实现进化的基础。

3分钟奇思妙想

有时，突变会发生在对生物体表型有重大影响的某个特定基因上。一个著名的例子是果蝇头上的触角由于突变长成了腿。这样的突变通常是灾难性的，导致携带它的个体迅速死亡。但是，有人认为这样的突变可能是有益的，会立即产生新的物种或进化谱系。据信，乌龟的产生就是源于类似的突变。

DNA包含构建生物体需要的所有信息，它决定了生物体的外观、功能和行为方式。突变是一种自然的、相对普遍的事件，在细胞分裂过程中DNA复制时发生改变，说到底就是发生了错误。但是，突变是具有异常重要性的错误，因为突变构成了自然选择的基础，会导致表型发生变化。生殖细胞（卵子和精子）的突变会传给下一代。突变的影响是不确定的，有些可能有益，有些可能有害，而另一些则可能完全没有影响。基因突变是种群多样性的根源。正是这种多样性才使自然选择对于某一物种起作用，使之能够在特定环境中更好地生存和繁殖。如果突变引起有益的变化，携带该突变的个体将具有更好的生存和繁殖能力，该突变将在种群中占据主导地位。如果一个物种的两个种群被隔离，突变将逐渐累积，最终形成新物种。

相关话题

变异与选择　8页
物种形成：隔离　28页
隔离机制　32页
从适应到物种形成　36页

3秒钟人物

艾蒂安·若弗鲁瓦·圣伊莱尔
ETIENNE GEOFFROY SAINT-HILAIRE
1772—1844
法国动物学家，通过研究两栖动物和爬行动物的化石，认为演化可能迅速发生，而非逐渐发生。

本文作者

克里斯·文迪蒂

虽然导致果蝇在头上长腿的突变没有任何益处，但是有些突变会带来进化。

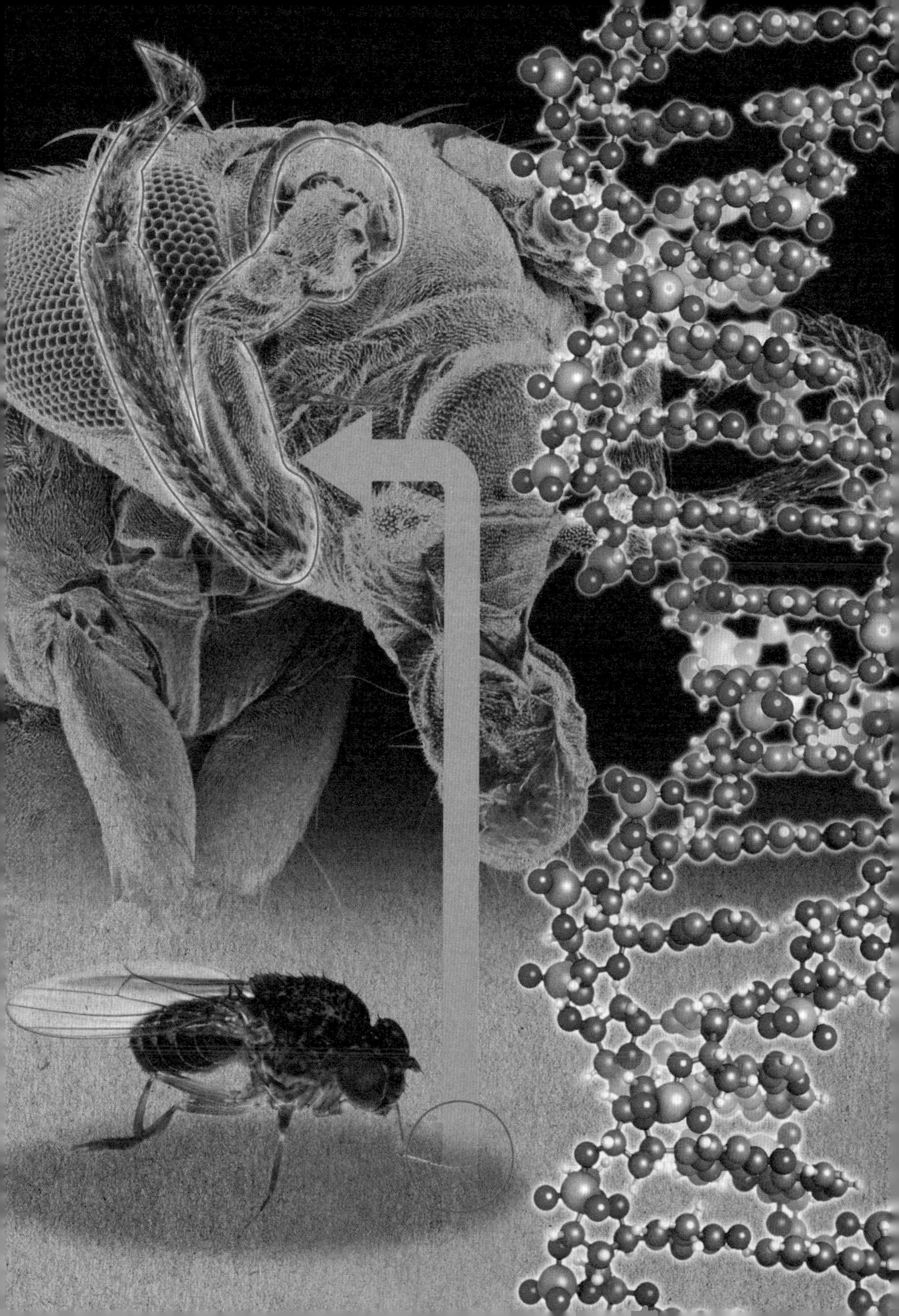

从适应到物种形成

30秒钟进化论

适应是“适者生存”的应有之义。指猴是马达加斯加特产的一种夜行性灵长目动物，它有一根细长的中指，可以用来敲击树木，以定位树皮缝中的蛴螬。一旦找到蛴螬，指猴就会用那根中指使劲将其抠出。指猴的这根手指就是适应的一个例子。随着时间流逝，自然选择过程通过突变引起的变异来塑造指猴的手指。现在，所有指猴都有这种特质，提高了指猴个体的适应性和生存能力。通常，适应是任何有助于生物体生存或繁殖的特征。鸟类迁徙行为、仙人掌上的刺和豹子身上的斑点，是生物数十亿种适应中的三种，还有数十亿种随着已经灭绝的物种而不复存在。适应可能导致种群之间产生差异，最终造成物种分化。如果两个隔离的种群受到不同的选择压力，自然选择可能会导致两者之间的适应性发生变化。久而久之，这些种群可能会变得截然不同，以至于再次接触也无法进行交配或者繁殖出可育后代，于是新物种就这样形成了。

3秒钟灵光一现

任何有助于生物体生存或繁殖能力的事情都是一种适应。

3分钟奇思妙想

当人们开始思考物种的特征时，很难想出哪种特征不是适应环境。但是，我们和其他生物体具有许多非适应性特征。一些特征是其他特征的副产品。例如，我们的血液是红色的，并不是因为拥有橙色血液的人无法生存或生育，而是由于血液里的化学成分而呈现红色。

相关话题

变异与选择　8页
物种形成：隔离
28页
隔离机制　32页
突变与物种形成
34页

3秒钟人物

查尔斯·达尔文
CHARLES DARWIN
1809—1882
英国自然学家和地质学家。

本文作者

克里斯·文迪蒂

指猴是孤独的：它们夜间独自在马达加斯加的森林里捕猎，用它们长期适应环境形成的长长的中指抠出虫子。

物种多样性

30秒钟进化论

3秒钟灵光一现

目前存在的数以百万计的物种在地球上并不是随机分布的，更靠近赤道的物种比两极多得多。

3分钟奇思妙想

一种很有意思的观点认为，物种分布是由物种形成和物种灭绝之间的平衡决定的。有研究表明，某些栖息地更容易促成生殖隔离，因此有可能改变物种形成的速度。这两种观点可以说是不谋而合。如果能够证明促进生殖隔离的栖息地与纬度物种多样性（模式）相一致（或相悖），就有助于查明相关机制。

据估计，约有870万个物种栖息在我们星球的每个角落，甚至包括最恶劣的环境。有些青蛙冬天被冰冻，春天解冻后能复活如初；有些蠕虫可以在几乎是沸腾的水中存活；甚至在地球表面以下几千米的岩石中，也有微生物只靠吸收少量铁或钾存活，但这些勇敢的“冒险家”很少见。通常在赤道附近物种更多，物种多样性随着纬度增高而减少。之所以出现这种情况，是因为低纬度环境更加稳定，太阳能也更加丰富，从而形成了更加复杂的生态系统。这很重要，因为简单来讲，植物依靠阳光生长，而动物需要吃植物（或捕食草食动物），因此更多物种可以共存于赤道附近的环境中。传统观点认为，热带地区物种更多样是因为那里是“多样性的摇篮”，新物种形成很常见。与此相反，最新科学研究表明，在高纬度环境中物种形成可能更为频繁，但由于良性条件较少，物种灭绝更普遍，因此高纬度地区物种数量较少。

相关话题

物种形成：隔离
28页
从适应到物种形成
36页
进化速率与物种灭绝
74页

本文作者

克里斯·文迪蒂

与荒凉的高纬度地区相比，赤道附近的地区较温暖、日照更充足，物种更丰富。地球上三分之二的物种都生活在热带雨林中。

自然选择

自然选择
术语

染色体 细胞中极长的含有核酸和相关蛋白质的分子。染色体带有基因和其他碱基对序列，还有调节DNA行为的附着蛋白。

定向选择 自然选择的一种方式，其中特定的物理特征由环境条件促成。典型的例子是雀科喙的大小变化，可供食用的植物种子的大小变化会导致具有大型或小型喙的雀科占主导地位。

歧化选择 在两个相反的方向上进行的定向选择，当环境有利于所有可能表型的两个极端时，就会发生歧化选择，从而导致多样化的种群演变为只有两个极端表型的种群。久而久之，这两种极端变种可以形成不同的物种。查尔斯·达尔文在加拉帕戈斯群岛上观察到的不同雀科物种就是一个例证。

DNA（脱氧核糖核酸） 一种长链有机分子，在生物体的繁殖中起着至关重要的作用。我们熟悉的DNA双螺旋结构，是由成对碱基组成的聚合物，其序列构成信息，就像计算机数据中的一串0和1。

遗传多样性/基因库 在特定物种中，存在一系列可能的基因组合。遗传多样性是指种群中存在的不同变体的数量，可以衡量该物种应对环境变化的能力，因为遗传多样性越强，变种帮助物种在新环境下成长的机会就越大。如果没有遗传多样性，通过自然选择进化的机会就很少，因为没有可供选择的变体。基因库是整个种群中可用基因的集合。

遗传指纹分析 也被称为DNA测试或分型，使用特定DNA序列来识别个体或生物学关系（如父母与孩子之间的关系）的一套技术。该过程需要一小段DNA片段，通常会寻找“短串联重复序列”，其中碱基模式重复多次，序列重复的次数因人而异。

基因组　生物体中以DNA或RNA编码信息存储的一整套完整的遗传信息，包括基因，也包括染色体中的核酸。核酸不含蛋白质，但在细胞的繁殖和功能中仍具有重要的作用。对基因组进行“测序”，就是记录DNA或RNA中碱基对的顺序。

工业黑化现象　烟灰等工业污染物会使环境变黑，具有深色色素的生物变种会通过自然选择存活下来。最著名的例子是被烟灰熏黑的树皮上较深颜色的飞蛾，更难被掠食者发现，这意味着颜色较暗的飞蛾更容易繁殖并将控制表面颜色的基因传递给后代。

自然选择　进化的主要机制，它描述了由于种群中个体之间的差异随环境而产生的变化，导致不同个体间生殖成功的差异。其命名最初是与人工选择相对应，人工选择通过选择性育种强化动植物的性状。

表型　特定生物体的可见特征，有时与“基因型”形成对比。基因型是遗传指令，也就是生物体中所有基因的组合。

种群　在进化中，种群是指特定环境中某个物种的一组个体，这些个体在它们一生中都有繁殖的潜力，可以影响栖息地内该物种的进化。

稳定选择　统计上“均值回归”的生物进化对等概念，它倾向于不属于两个极端、介于两者之间的表型。通常的环境中，极端表型个体的生存机会较小，造成的结果是负面选择，有利于“平均”个体。稳定选择会降低遗传多样性。

种群

30秒钟进化论

物种的确切定义是有争议的，但种群的定义比较简单明了：在某一地理区域内彼此可以交配的一群个体。物种可以由单一种群组成，例如贝加尔海豹是世界上唯一的淡水海豹，仅存于西伯利亚的贝加尔湖中；物种也可以由许多种群组成，例如分布在不同山区的高山植物。我们可以观察种群之间的差异，并以此了解自然历史。比如，没有眼睛的墨西哥洞穴鱼，在地表附近发现的种群非常相似，但是每个深层洞穴都拥有一个独特的种群，表明洞穴鱼很少从深层洞穴游出或游入。大种群和小种群中，进化的机制是不同的。如果种群内的个体数量繁多，发生有益突变的机会更大。一个极端的例子是，艾滋病患者体内的病毒种群中，每天都可能发生突变。另一方面，小种群会以较快的速度丧失遗传多样性，概率在进化中起更大作用。种群规模的快速萎缩——比如许多濒危物种数量急剧减少，使种群面临近交衰退或灭绝的风险。

3秒钟灵光一现

进化不是发生在生物个体上。事实是，种群在一代代的繁衍中不断进化和分化。

3分钟奇思妙想

有时种群中只有一小部分个体有繁殖的机会。例如，在象海豹中，1个雄性拥有约100个雌性“后宫”。像这样的种群在进化方面的实际情况似乎比个体总数预示的要小一些：也就是说，它们的有效种群规模较小。雌雄比例失衡将减小有效种群规模，自然选择也会缩小种群规模。

相关话题

物种与生物分类法
24页
遗传变异　52页

3秒钟人物

休厄尔·赖特
SEWALL WRIGHT
1889—1988
美国遗传学家，协同建立了群体遗传学和“新进化生物学综论”，将遗传学与自然选择联系起来。

本文作者

路易丝·约翰逊

一个墨西哥洞穴中可能生活着无眼洞穴鱼的好几个种群，但贝加尔海豹仅生活在西伯利亚贝加尔湖，且只有一个种群。

Lake Baikal
Zabaikalskiy National Park
Olkhon I.
Maloye More
Khuzhir
1642
Turka
Barguzin Bay
Listvyanka
Baikal
Vydrino

适应的必要性

30秒钟进化论

生命在许多看似恶劣的环境中蓬勃发展：在干旱的沙漠、寒冷的冻原和压力极大的海沟中，都有生命顽强生长。生命需要有特殊的功能来适应极端情况，例如生活在沸腾温泉中的细菌有耐热蛋白，在寒冷气候环境中生存的植物有细胞抗冻剂以防止冰晶破坏细胞。我们人类的生存环境也不是表面上看到的那么友好，也需要有同样多的专门适应能力。我们呼吸空气，这是只有少数动物群体才具有的特殊技能，氧气分子对某些微生物来说甚至是致命的。无论生物体在何处生存，都要克服挑战、发展出适应生存环境的技巧和方法，并随着环境变化而改变以进一步适应环境。猎物、捕食者、疾病和竞争者都是环境的重要组成部分，它们本身会发生演化，可能是环境中变化最快的一部分。这意味着，至少从某种意义上说，生活最舒适、物种最丰富的环境是最难生存的地方。诚然，哪儿都没有轻松的生活。

3秒钟灵光一现

生物发生进化以适应环境。适应的过程既是必要的，也是必然的。

3分钟奇思妙想

适应是维持生命所必需的，幸运的是，同时也是必然会发生的。如果存在影响生存或繁殖能力的遗传变异，从逻辑上讲适应必然会发生。复杂的适应可能会在成千上万代选择的基础上得以积累形成，但如果存在遗传变异（几乎总是存在），就会不可避免地发生自然选择，产生更好的适应。

相关话题

遗传变异 52页

3秒钟人物

让·巴蒂斯特·拉马克
JEAN-BAPTISTE LAMARCK
1744—1829
法国自然学家，因获得性遗传理论（拉马克主义）而广为人知。

本文作者

路易丝·约翰逊

从非洲沙漠的剑羚到积雪覆盖的极地地区的北极兔，都向世人展示，生命在恶劣的环境中也能顽强适应并生存。

BLOOD
HEAT
SUMMR
HEAT
0
FREEZ
ING.

基因

30秒钟进化论

如今，大多数生物学家会用分子术语来定义基因，即细胞用来生产蛋白质的一段DNA。但事实上，“基因”这个词早在人们知道DNA在遗传中作用的几十年前就被创造出来了。科学家认为基因是不同个体间差异的原因，决定了豌豆植株是高还是矮、果蝇是红眼还是白眼。如果性状没有差异，那就不会有相关基因的存在。20世纪，科学家发现基因与细胞分裂中见到的神秘线状物体染色体密切相关，而大多数基因与蛋白质相对应。慢慢地，人们发现基因实际上就是“信息”。DNA是由小亚基组成的长而惰性的分子，遗传信息就存储在DNA中。遗传差异是遗传信息发生了改变或差错，这样的错误会改变该基因编码的蛋白质。例如，囊肿性纤维化背后的原因是编码控制体液含盐量蛋白质的基因出现异常。但是，随着人类对整个基因组了解的不断深入，对基因在分子层面的狭义定义可能是不完整的，因为一些基因通过其他方式发挥影响。

3秒钟灵光一现

我们都有头，而基因会让人长出头来。因此，从字面意义上讲，每个人拥有能让人长出头的基因。

3分钟奇思妙想

1911年，受雇于T.H.摩尔根实验室做清洁工作的本科生艾尔弗雷德·斯特蒂文特，取得了一项突破性科研成果。众所周知，有些基因是“偶联的”，意思是如果子代继承一个基因，很可能也会继承另一个基因；通过使用实验跨越，可以准确测定偶联强度。斯特蒂文特意识到，耦合的基因彼此靠近，并绘制了第一幅遗传图谱，表明基因之间的相对位置。

相关话题

现代综合进化论
16页
突变与物种形成
34页

3秒钟人物

T.H.摩尔根
T.H.MORGAN
1866—1945
美国遗传学家，因对染色体在生理学中作用方面的研究，于1933年获得诺贝尔奖。

莉莉安·沃恩·摩尔根
LILIAN VAUGHAN MORGAN
1870—1952
美国遗传学家，他的研究工作普及了果蝇是研究遗传学的绝佳材料。

艾尔弗雷德·亨利·斯特蒂文特
ALFRED HENRY STURTEVANT
1891—1970
美国遗传学家，致力于研究原子弹对人类的影响。

本文作者

路易丝·约翰逊

果蝇是餐馆和家庭中的害虫，但却是遗传学家的心头好。

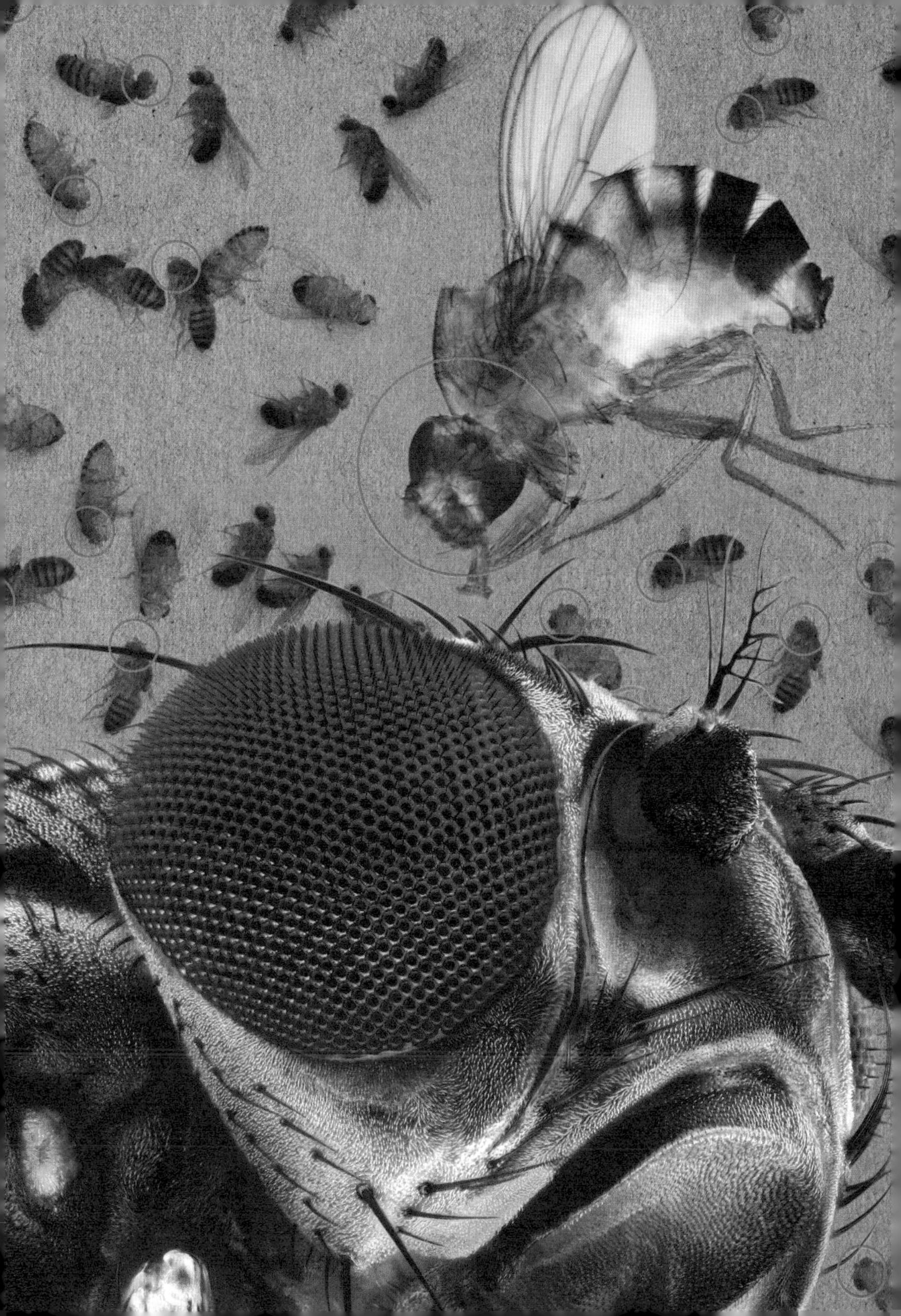

1892年11月5日
生于牛津，父母是约翰和路易莎。

1911年
就读于牛津大学新学院。

1914年
第一次世界大战期间在军队服役，担任少尉。

1919年
成为牛津新学院的研究员，从事生理学和遗传学研究。

1922年
成为剑桥三一学院的生物化学教授。

1924年—1934年
发表突破性系列论文“自然选择的数学理论”。

1926年
与夏洛特·伯格斯结婚。

1926年
发表论文《最合适的大小》，确立了“霍尔丹定律”。

1929年
提出生命起源的“化学汤”概念。

1932年
当选为英国皇家学会院士。

1933年
担任伦敦大学遗传学教授。

1945年
与海伦·斯普尔韦结婚。

1956年
移居加尔各答，加入印度统计学院。

1961年
入籍印度。

1964年12月1日
在印度奥里萨邦布巴内斯瓦尔逝世。

人物传略：J.B.S.霍尔丹

J.B.S. HALDANE

遗传学家和生物统计学家约翰·伯顿·桑德森·霍尔丹（在出版物中被称为J.B.S. 霍尔丹，但熟悉的人都称他为杰克），在学术领域影响较大，但其教育经历与常人不同。他的父亲是生理学家，在家里设有实验室，霍尔丹在那儿萌生了对科学的热情，但是从伊顿公学去牛津大学后，他学习了数学，后来又转而学习古典学（人文、经典和神学的通俗叫法）。第一次世界大战中，他在法国和伊拉克服役，战后回到牛津，担任遗传学和生理学研究员——考虑到他没有这些学科的教育经历，这非常了不起。他在剑桥大学工作了十年，在酶动力学方面进行了原创性的研究，之后在伦敦大学度过了大部分的学术生涯。

霍尔丹对遗传学的最大贡献，是他的10篇系列论文“自然选择的数学理论”，这些论文后来收录到《进化的原因》一书中。他为自然选择学说建立了数学基础，成为整合达尔文自然选择理论和孟德尔遗传学的“新综合论”的核心要素。对于当时的生物学家来说，拥有较强的数学专业积累非常罕见，而霍尔丹充分利用了这一点，把定量研究手段应用于一系列主题。一个很好的例子是他的论文《最合适的大小》，阐述了“霍尔丹原则”，也就是生物体的大小限制了它的身体结构和机制。

60岁出头，霍尔丹和刚结婚不久的第二任妻子海伦·斯普尔韦移居印度，在印度度过了余生。他声称这是因为对苏伊士运河危机的政策感到不满，但似乎与妻子因醉酒被捕有关，这也导致海伦被伦敦大学解雇，而霍尔丹也随后被撤去教授职位。在印度，霍尔丹在加尔各答和奥里萨邦的统计和生物统计部门工作，入籍成为印度公民。他一直工作到20世纪60年代，在1963年将“克隆”一词用于人类。

霍尔丹的机智很出名。在谈到遗传利他主义时，他曾经说“我可以为两个亲兄弟或者八个堂表兄弟牺牲自己的生命”；在关于其他行星生命的演讲中霍尔丹说，如果存在造物者，那么显然对甲虫特别偏爱，因为地球上有40万种甲虫，但只有8 000种哺乳动物。

布莱恩·克莱格

遗传变异

30秒钟进化论

人们在许多方面存在差异：有些人个子更高，眼睛颜色不同，指甲颜色也可能不同。其中一些是由于基因差异造成的，眼睛颜色的差异几乎完全是遗传造成的；而身高则部分是遗传造成的（营养和疾病也会影响一个人的最终身高）。如果个体之间的差异是由基因引起的，那么自然选择只会促进进化，因此，作用于眼睛颜色的自然选择要比对身高的自然选择更快。自然选择对指甲面颜色无效，因为这种特性不是由基因决定的，而在很大程度上由化妆品制造商决定，遗传力接近零。遗传力是一个数字，用来描述诸如身高等特征的变异由遗传因素（而非环境差异）引起的百分比，只适用于特定环境中的特定人群——这不是“遗传和环境”的比较，因而几乎无法预测如果环境发生改变会发生什么。如果标题上写着“40%的吸毒成瘾是由于基因引起的”，这可能是在报告遗传力的度量值，而且几乎可以肯定是错误的。

3秒钟灵光一现

自然选择通过基因起作用，但基因并不是导致我们彼此不同的唯一因素。

3分钟奇思妙想

人类特征的遗传力，通常通过比较双胞胎来进行测量。这背后的逻辑是，一对异卵双胞胎由共同的父母抚养，成长环境相同，一半的基因相同；而同卵双胞胎由共同的父母抚养，成长环境相同，基因也完全相同。如果同卵双胞胎的身高比异卵双胞胎的身高更为相似，那么这就是身高方面遗传变异的证据。

相关话题

多态和遗传漂变
54页

3秒钟人物

法兰西斯·高尔顿
FRANCIS GALTON
1822—1911
英国科学家，发明了优生学的概念，研究了变异在人类中的作用。

道格拉斯·福尔克纳
DOUGLAS FALCONER
1913—2004
英国遗传学家，以对定量遗传学的贡献及使用数学方法预测性状遗传而闻名。

本文作者

路易丝·约翰逊

同卵双胞胎的基因完全相同，因此是研究遗传力的宝贵资源。

多态和遗传漂变

30秒钟进化论

进化生物学告诉我们物种随时间如何变化，也展示了同一物种不同个体彼此之间的不同。一度“野生型”观点占据主流，该观点认为物种几乎没有变化，后来受到了多态物种研究的挑战。有时存在特定多态性的明确原因，例如桦尺蠖，浅色个体和深色个体分别在覆盖有地衣和烟灰的树皮上可以很好地隐藏。但是，多态性的原因通常并不那么明显，例如带状蜗牛多样的颜色和条纹图案仍然很神秘，或提供伪装，或迷惑捕食者，或两者兼而有之。分子生物学技术广泛使用后，人们发现多态性水平远高于预期：遗传指纹技术很快便能区分任何物种（除了少数高度近交物种，例如猎豹）的任意两个个体（克隆或双胞胎除外）。多态是常态，而不是例外。

3秒钟灵光一现

像大多数物种一样，人类是高度多态的：你是独一无二的，其他人也都是如此。

3分钟奇思妙想

借助当今的技术，我们可以揭示比基因指纹还要复杂的多态性：可以将同卵双胞胎区分开，或查明已经扩散到患者全身的肿瘤来源。我们每个人都有60个从未有过的新突变，但是，几乎所有突变对外观或行为都没有什么影响。

相关话题

遗传变异 52页
工业黑化 92页

3秒钟人物

伯纳德·凯特威尔
BERNARD KETTLEWELL
1907—1979
英国动物学家，研究工业黑化现象对飞蛾的影响。

本文作者

路易丝·约翰逊

同卵双胞胎有独特的基因指纹。科学家们不知道某些多态形式（例如带状蜗牛）会带来何种益处。

选择的类型

30秒钟进化论

经常被用来说明自然选择的一幅图是，一只长颈鹿般的动物使劲往上伸脖子，成功吃到了高大树木的叶子，而一些脖子较短的动物则在饥饿和嫉妒中无能为力。这是定向选择的一个例子，也是人们最熟悉的类型——某种极端情况的个体占优势，因此选择会导致种群产生直接的变化，在上述例子中就是个体的脖子会变长。选择的另一种类型是稳定选择，这种选择中，占优势的不是一个或另一个极端，而是处于中间状态的个体。人类婴儿出生体重就会发生稳定选择，因为体重异常大或异常小的婴儿健康状况都比较糟糕。相比定向选择，稳定选择引起的变化更为细微，因为种群只会变得“更平均”，而并非种群个体的平均状况发生变化。但稳定选择在野外可能很常见：青蛙表皮的绿色如果不是太深也不是太浅，就能起到伪装保护的作用，这样个体能活得更长。歧化选择对两个极端情况都有利，这样的情况很少见，但带来的效果很有意思，会增加种群差异性，甚至将族群分化为两个不同群体。

3秒钟灵光一现

适者生存，在某些情况下可能意味着“庸者生存”——最普通的个体能够生存下来。

3分钟奇思妙想

如果不同类型的选择作用于动植物的不同特征，那么理论上，两种或全部三种类型的选择可同时在同一族群中发生。人工选择也是这样：育种者希望培育出高产（定向选择）、但果实大小基本一致（稳定选择）的苹果树。

相关话题

选择的单位　58页

3秒钟人物

查尔斯·达尔文
CHARLES DARWIN
1809—1882
英国自然学家和地质学家，首次在《物种起源》中描述了一种选择形式。

本文作者

路易丝·约翰逊

对于长颈鹿，自然选择会偏向脖子更长一些的个体，因为它们能吃到高大树木上的叶子。对于青蛙，自然选择更偏向表皮是中等绿色的而不是深绿或浅绿的个体，因为它们更易隐藏。

选择的单位

30秒钟进化论

基因不断复制，细胞持续分裂，个体进行生育，种群时刻繁衍，物种逐渐形成——我们周围看到的生物在持续进行这些活动。但自然选择是在什么层面上起作用呢，基因、细胞、个体、种群还是物种？大多数生物学家认为基因是选择的单位。基因是所有其他层面遗传的基础，可以精确地复制自身。有益于个体的适应也促进了基因的传播，而有益于群体的适应也可以用基因水平的选择进行解释，例如蜜蜂用摇摆的八字舞引导其他工蜂至花蜜处，在帮助其他工蜂的同时，也促成了它们共有基因的延续。从基因的角度看问题可以解释许多令人费解的特征。例如，尽管只需要一个雄性就能使许多雌性受精，但大多数有性生殖的物种似乎在培育雄性上浪费了全部资源的一半。许多基因不为宿主做任何事情，只是在染色体周围简单地切割、复制或拼贴不断地自我繁殖。这些跳跃基因约占人类DNA的一半，比构建人体所需的基因多50倍。

3秒钟灵光一现

基因使蜜蜂不断繁殖而生成更多基因，蜜蜂建造蜂巢以繁育更多的蜜蜂。基因、蜜蜂和蜂巢都在持续繁殖，但谁在进化？

3分钟奇思妙想

对于单细胞生命（大多数生命的形式），个体就是细胞，细胞就是个体。另一方面，动物是互相合作的细胞的集合体，如果细胞可以独立繁殖，那么结果就是癌症。因此，随着动物的进化，细胞层面进化的机会逐渐减少。这或许可以解释为什么人体细胞对分裂次数有内在限制。

相关话题

适应的必要性　46页
基因　48页

3秒钟人物

威廉·唐纳德·汉密尔顿
WILLIAM D. HAMILTON
1936—2000
英国进化生物学家，因在亲缘选择和利他主义方面的理论研究而声名鹊起。

芭芭拉·麦卡林托克
BARBARA MCCLINTOCK
1902—1992
美国遗传学家，1983年获得诺贝尔生理学和医学奖。

本文作者

路易丝·约翰逊

蜜蜂跳摇摆八字舞向其他蜜蜂指明花蜜所在，这是对群体有益的一种适应的表现。

进化历史与物种消亡

进化历史与物种消亡
术语

疑源类 不属于任何其他分类的有机结构的总称，其化石发现于沉积岩中。疑源类的历史可以追溯到30亿年前，在5.4亿至2.5亿年前的古生代达到顶峰。

腕足动物 属于海洋无脊椎动物，因为有些和经典的油灯很像，所以有时也称为“灯贝”。腕足动物的两个铰接壳形成顶部和底部，类似贻贝或蛤之类双壳动物的外壳封闭两侧。大多数腕足动物通过被称为“肉茎”的肉质锚附着在表面。

寒武纪 古生代最早的时期，大约在5.4亿至4.85亿年前，出现了大多数现代动物类型。在5.4亿年至5.25亿年前，海洋生物形态得到极大丰富，被称为“寒武纪大爆发”。

DNA（脱氧核糖核酸） DNA是一种长链有机分子，在生物体的繁殖中起着至关重要的作用。我们熟悉的DNA双螺旋结构，是一对由碱基组成的聚合物，其序列构成信息，就像计算机数据中的一串0和1。

内共生 一种生物体包含在另一种生物内的共生关系。有些科学家认为，作为真核细胞动力源的线粒体，起源于与另一种单细胞生物具有内共生关系的细菌。

真核细胞 具有细胞核的细胞。细胞核是细胞内一种具有周围膜的结构，包含细胞大部分遗传物质。所有多细胞生物（包括动物、植物和真菌）都有真核细胞。原核细胞没有细胞核，其典型代表是细菌和古菌。

盖亚假说 “盖亚”是古希腊语中的大地，是大地人格化的女神。英国生物学家詹姆斯·洛夫洛克用该术语来描述一种假设，即全球生态系统可以被视作一种整体自我调节的有机体，生物通过与环境有关的反馈机制不断进化。

大灭绝 指一段时期内地球上大部分生物灭绝，多样性急剧下降，新物种获得占领以前其他物种主导生态位的机会。

分子钟　该理念认为，有可能通过DNA序列的变化来估计物种从共同祖先分化出来的相对时间，因为DNA序列的变化似乎以恒定的速率进行。

单孔类动物　哺乳动物中一种非同寻常的目，只有一个排泄口和一个生殖孔，且产卵。如曾经在地球上广泛分布，目前仅存于澳洲的鸭嘴兽和针鼹。

细胞器　真核细胞内部的一部分，包括线粒体和色素体，通常周围有一层膜。有时也适用于无膜的“分子机器”，例如将信使RNA转化为蛋白质的核糖体。

间断平衡　美国生物学家史蒂芬·杰伊·古尔德提出的进化理论。该理论认为，物种在很长时间里进化很小，而在一个物种演化为两个物种的一段时期的之前和之后，则会发生相对快速的进化。此外，最常见的进化观点是种系渐变论，后者认为渐进式的变化最终会导致变体成为新物种。

RNA（核糖核酸）　信使RNA从DNA的基因编码区域产生，用于转运RNA（传递构建蛋白质所需的氨基酸）的核糖体（由核糖体RNA构成）上的蛋白质。有些病毒的基因组是由RNA而非DNA组成。

物种形成　新物种的形成原因通常是由于环境产生了变化，而且这种变化有利于产生特定的遗传变异，同时也有遗传漂变的因素。

物种漂变　基因特定变种的频率发生变化，随机波动而不是选择过程导致物种形成。

生命起源

30秒钟进化论

哲学家可能会思考我们存在的意义，但对于生物学家来说，真正的问题是化学物质是如何成为生命的。生命要素很可能来源于恒星，尽管这个说法听起来很奇怪。生命是一种持续的化学反应，其运行机制所依赖的物质存在于彗星和陨石中，以及太空中任何有着尘埃、水以及阳光等能量来源的地方。我们可以将每个细胞比作一台计算机的“硬件”，运行着某个版本的“操作系统”（可称为生命2.0版本）。那么，生命1.0版本是什么，它又是如何运行的呢？生命计算机的核心是可以读取一串串RNA上指令并制造蛋白质的“处理器”。该处理器由多个RNA链组成，从分解RNA分子中获取能量，是既由RNA构成、又以RNA为能量来源的生命计算机部件之一。基于这些发现，沃特·吉尔伯特等科学家猜测，很久以前的某个时候，惰性的化学物质转变为活性生命物质，而在将来所有生物都依赖于不断发展、自我复制的RNA。据此，吉尔伯特提出，我们的世界是从一个更古老的RNA世界发展而来。

3秒钟灵光一现

RNA或许来源于太空，它们很有可能是生命真正的设计师。

3分钟奇思妙想

有关RNA世界中生命的一些线索，来自另一组奇怪的自我复制RNA链——它们是引起普通感冒和艾滋病的病毒。这些RNA病毒可能是古老RNA世界的最后遗迹，除它们之外的所有生物都在相似的基础生命物质上运行。这些病毒与人类共存，不是来自外太空，而是来自遥远的过去。

相关话题

进化与原型　6页
变异与选择　8页
祖先与时间尺度
126页

3秒钟人物

斯坦利·米勒
STANLEY MILLER
1930—2007
美国生物化学家，向世人展示了简单化学物质结合为生命分子的机制。

沃特·吉尔伯特
WALTER GILBERT
1932—
美国生物学家和物理学家，提出并命名了“RNA世界”一词。

本文作者

本·纽曼

我们是太空尘埃、水和阳光的产物吗？沃特·吉尔伯特提出假说，认为地球上的生命源于自我复制的RNA。

RNA
RNA
RNA
RNA
RNA
RNA

地质记录

30秒钟进化论

地球将自己的历史书写在岩层里，我们脚下的岩石中蕴藏着一页页的地质故事。这些岩层就像是一本剪贴簿，记载的历史比人类存在的历史还要古老至少50万倍。最早的岩层记录了长达数十亿年的地质时期，当时的地球就像是一个炽热的液态金属球，没有可呼吸的空气，完全不适合孕育生命。转折点发生在大约35亿年前，氧气产生了，它是光合细菌产生的副产品。氧气与硅、磷和钙发生化学反应，生成了可溶于水的新物质。这些含氧化学物质偶尔会达到很高的浓度，在岩石表面形成结晶膜甚至是生物。这些被称为疑源类的早期生物体形成了最早的化石，疑源类化石很可能展现了生命进化的早期阶段，但它们很难被解释清楚。氧气可以像火种点燃火绒一样使分子燃烧，随着对早期生物有毒的氧气在空气中的含量越来越高，生物被迫进行适应或躲藏起来，否则就会死亡。或许正是氧气含量升高，导致一些细胞层层嵌套聚合在一起。那些艰难活下来的幸存者，即在20亿年前"细胞套细胞"的生物，最终进化成了植物、蘑菇乃至人类。

3秒钟灵光一现

生命从微小的细菌发展为推动进化的磅礴力量，塑造了世界的方方面面。

3分钟奇思妙想

疑源类生物可以告诉我们什么呢？它们中的多数还仍是科学家不知该放于生物之树何处的未解之谜。我们确切知道的是，大约在10亿年前，疑源类生物开始形成带刺的器官，以避免被多细胞掠食者捕获。每当大型动物进化时，疑源类生物就会变得多样化，并在所有重大灭绝事件中遭到重创。无论它们是什么，人类与它们的命运总是联系在一起的。

相关话题

进化与原型　6页
进化速率与物种灭绝　74页
祖先与时间尺度　126页

3秒钟人物

阿瑟·霍尔姆斯
ARTHUR HOLMES
1890—1965
英国地质学家，研究了测定岩石年龄的方法。

林恩·马古利斯
LYNN MARGULIS
1938—2011
美国生物学家，提出了内共生学说。

本文作者

本·纽曼

地球最古老的历史，可以通过沉积岩中的疑源类化石进行追溯。疑源类的名字来自古希腊语，意思是"不确定的起源"。

地质变迁与哺乳动物进化

30秒钟进化论

3秒钟灵光一现

在哺乳动物的进化过程中，构造作用导致澳大利亚与亚洲隔绝，从而形成了澳大利亚独特的有袋动物和单孔目动物。

3分钟奇思妙想

为什么大多数哺乳动物不再产卵？这或许要归功或者说归咎于一种病毒，它是艾滋病病毒的远亲，已经广泛感染了哺乳动物。现在有成千上万的病毒基因组被整合到人类DNA中。某种病毒的基因能够合成合胞素，将营养和氧气输送至子宫。这样，怀孕的母亲就相当于"行走的卵子"。

时间和漂变是进化和地质共有的主题。物种变化和岩石变化可能需要很长时间，这使得两者的研究难度都很大。就像大陆板块漂变难以解释地质事件何时何地发生一样，环境变化和物种不断迁移也会增加理解进化的难度。化石可以帮助我们理解进化，但大自然还留下了一些活的"时间胶囊"，也就是保存着曾经占主导地位、但目前几乎未知的物种的地方，一个例子就是澳大利亚和亚洲之间的一些岛屿。生物学和地理学家阿尔弗雷德·拉塞尔·华莱士发现，这些岛屿上的生物同时存在着较原始的澳大利亚动物和较现代的亚洲动物。澳大利亚保存着不少奇特的哺乳动物，比如产卵的鸭嘴兽——它们有十个决定性别的染色体，而人类只有X和Y两个性染色体；蜜袋貂产下的后代是所有哺乳动物中最小的。澳大利亚的哺乳动物表明，在过去的1亿年中，哺乳动物诸如毛发和产奶等特征几乎没有改变，但饲养幼仔的方式却发生了革命性的变化。

相关话题

物种形成：隔离　28页
隔离机制　32页
物种多样性　38页

3秒钟人物

阿尔弗雷德·拉塞尔·华莱士
ALFRED RUSSEL WALLACE
1823—1913
英国生物地理学之父，提出了进化论的思想。

本文作者

本·纽曼

鸭嘴兽（五种产卵的哺乳动物之一）和微小的蜜袋貂（重量是老鼠的一半）都是奇特哺乳动物的代表。

1938年3月5日
生于芝加哥，父亲是莫里斯·亚历山大，母亲是莱昂娜·亚历山大。

1952年
进入芝加哥大学实验学院学习。

1957年
嫁给天文学家、科普作家卡尔·萨根。

1960年
获得威斯康星大学麦迪逊分校的生物科学硕士学位。

1965年
获得加利福尼亚大学伯克利分校博士学位。

1967年
首先提出真核细胞中的细胞器最初是独立细菌。

1967年
与晶体学家托马斯·马古利斯结婚。

1970年
出版具有开创性意义的著作《真核细胞的起源》。

1978年
罗伯特·M.舒瓦茨和玛格丽特·戴霍夫撰写的论文证实了马古利斯内共生学说的理论。

1983年
当选为美国国家科学院院士。

1988年
移居到马萨诸塞大学阿默斯特分校。

1999年
获美国国家科学奖奖章。

2008年
获得达尔文—华莱士奖章。

2011年11月22日
于马萨诸塞州阿默斯特去世。

人物传略：林恩·马古利斯

LYNN MARGULIS

林恩·马古利斯在职业生涯初期的29岁便已功成名就，当时马古利斯获得博士学位仅两年。那时，马古利斯提出了“内共生”的思想，该理论认为，某些早期的细胞吞入细菌，产生了更复杂的结构，让细菌变成“细胞器”，可以使细胞获得能量，帮助植物进行光合作用，或者是帮助动植物处理氧气。

马古利斯的想法最初遭到质疑，她的第一篇论文多次被拒后，最终被《理论生物学》杂志刊登。论文被拒的部分原因是，当时主流的进化理论集中于随机突变。马古利斯挑战了她称之为“新达尔文主义的正统学说”，她认为，共生是指互惠互利的生物体可能会聚集形成单一生物体，这种现象发生于进化出复杂生物之前的30亿年前，对于微生物而言更为重要。

在芝加哥大学读书期间，马古利斯遇到了第一任丈夫卡尔·萨根，也是与她有联系的两位著名科学异见者之一；另外一位是詹姆斯·洛夫洛克，与马古利斯在20世纪70年代就盖亚[㊀]假说进行了合作，引起了较大争议。盖亚假说认为，地球以自律的方式运动，地质、气象和生命共同起作用以使整体环境永续存在，即使某些变化可能会危害个别物种。实际上，这也是“盖亚”有生命的那部分与环境之间的一种共生形式，尽管马古利斯很快强调地球不是真正的生物体，因为地球与它上面的“废物”难以区分开来。

马古利斯等了十多年，终于有实验证据来证明她对复杂细胞共生起源的突破性理论。后来罗伯特·M.施瓦茨和玛格丽特·戴霍夫向《科学》杂志提交了一篇名为《原核生物、真核生物、线粒体和叶绿体的起源》的论文，得出的结论是，叶绿体与蓝藻有共同且最近的祖先，线粒体与红螺菌科细菌有共同祖先。

马古利斯后来提出的一些观点从未成为主流。她认为，共生关系是实现遗传变异的主要途径，即细胞之间DNA的转移；她否认HIV是一种传染性病毒，并且否认是艾滋病的病因；她认为，变态类物种的幼虫和成虫不是从同一祖先进化来的。以上观点都被视为边缘概念，但马古利斯极大挑战了生物学现状，她早先关于叶绿体和线粒体起源于细菌的理论无疑是成功的。

布莱恩·克莱格

㊀ 盖亚：希腊神话中的大地女神。

主要动植物群体的出现

30秒钟进化论

3秒钟灵光一现

第一批水母在寒武纪海藻塔下嬉戏时，还要等待3亿年才有第一批开花植物的出现。

3分钟奇思妙想

每个化石的形成都与运气有很大关系。首先，需要坏运气，运气不好的古生物才有可能形成化石；其次需要好运气，矿物和细菌要及时出现，化石才能得以保存。活着的时候已经含有部分矿物的生物最有可能成为化石。例如，骨头是一种叫作磷灰石的矿物，许多植物会储存硅，这两种物质都可能在化石记录中占有一席之地。

我们现在熟悉的动植物是什么时候开始出现的呢？可以通过研究化石和基因来回答这个问题。大多数动物类群出现在寒武纪。最早的动物化石中包括栉水母，这是一种呈胶状、虹彩状的生物，如今生活在海洋深处。科学家在中国发现了有5.4亿年历史的幼年栉水母的三维化石。2014年，科学家终于完成了对栉水母的基因测序，结果表明栉水母的基因的起源可能比更为人熟悉的动物的基因更早，甚至栉水母中像神经和肌肉一样起作用的器官的进化，似乎也独立于我们更为熟悉的动物器官。我们今天见到的陆地植物，相比寒武纪海洋生物，有着更近的起源。最早的苔藓状陆地植物可能是从藻类进化而来的，而藻类是一种微小的嗜光生物，在池塘和鱼缸中形成一层绿膜。藻类在化石中很难辨认，因为它们形状各异，有的形如石莼片，有的形如巨大的海草，不一而足。第一批可辨识的陆地植物化石可以追溯到大约4.3亿年前，而大约2.4亿年前，地球才第一次出现花卉化石。

相关话题

地质记录　66页

生物大灭绝　78页

灭绝的原因　80页

本文作者

本·纽曼

栉水母已经存在了超过5亿年，它们可能进行了独立的进化。

进化速率与物种灭亡

30秒钟进化论

滴答、滴答……时间在一秒一秒流逝。传统的达尔文进化论观点认为，形态和遗传差异随时间稳定增长，物种产生又逐渐灭绝。这就是分子钟概念的核心——数百万年的过程中，基因突变在某个DNA片段上以可靠的速率积累。这个概念可用于确定物种或物种群组之间分化的时间。尽管这种渐进式的进化论观点仍然有说服力，但它已被更偶发性的观点所取代。这种变化始于20世纪70年代初期，当时艾崔奇和古尔德提出了颇有争议的“间断均衡”理论，认为大多数进化产生的变化都集中在物种形成时。他们的理论基于化石记录的形态学证据，但最近在基因上也发现了间断变化。有观点认为，灭绝是渐进的过程，因为“生物大灭绝”中超过90%的物种灭绝，这一观点遭到了广泛质疑。此类事件导致地球上的生物广泛进行重组，相对而言，在地质年代的某个瞬间就发生了。

3秒钟灵光一现

认为进化是渐进过程的观点非常吸引人，但对于地球这样动态变化的行星而言，这个观点是否值得商榷呢?

3分钟奇思妙想

人们通常认为进化是渐进的或偶发的，但更可能的解释是，进化既是渐进的也是偶发的。物种面临着变化极快的环境，从地质变化的尺度看尤其如此。自从地球上有生命进化以来，地球的温度和陆地结构（仅列举这两个因素）出现了剧烈波动。我们有充分理由相信，这些因素肯定影响了进化速率。

相关话题

从适应到物种形成
36页
主要动植物群体的出现　72页
生物大灭绝　78页
灭绝的原因　80页

3秒钟人物

史蒂芬·杰伊·古尔德
STEPHEN JAY GOULD
1941—2002

尼尔斯·艾崔奇
NILES ELDREDGE
1943—

这两人分别是美国古生物学家和进化生物学家，提出了间断平衡理论。

本文作者

克里斯·文迪蒂

时间在流逝，但是进化和灭绝是渐进的，还是很快发生的?

寒武纪大爆发的秘密

30秒钟进化论

让我们一起看一下大约5亿年前沉积的岩石：它们包含的化石就像是现代动物的微型版本。你可能会注意到一些变化——早先的乌贼只有两个触手，蜘蛛的早期亲戚有分叉的头和十几条腿，但现代动物的体形结构已颇具雏形。但生命进化是怎么完成的呢？再往前追溯2000万年，生命形态几乎不可辨认，奇形怪状。我们比较熟悉的水母类生物在海中和其他生物共享食物：其中有一米宽的罗纹椭圆形卵动物（比如狄更逊水母），也有伸展的黄瓜形金伯拉虫，不管它们去哪儿都会留下觅食拖迹。奇怪的是，这些原始海洋居民中的大多数没有长出类似头的部分。接下来是一个叫作“寒武纪大爆发”的神秘时期。我们知道，地球在冰河时期和全球变暖之间不断循环：极端的气候变化消除了竞争后，进化出原始头部的动物在寒武纪成功繁衍了吗？不幸的是，这方面的化石记录并不完整。然而，在2000万年的历史中，没有头的生命逐渐让位给了体形相当现代的各种生物。

3秒钟灵光一现

寒武纪的气候灾难，会是我们远古亲戚不断进化所需要的间隙吗？

3分钟奇思妙想

进化似乎是突然的，但寒武纪大爆发可能更像是缓慢的形变，而不是生物的“大爆炸”。随着胚胎生长，微小的变化可能会导致成年动物产生巨大差异。例如，形成最简单的单细胞动物皮肤的胶原蛋白和层粘连蛋白等基因，与使多细胞动物结合在一起的基因相同。动物都使用相同的遗传工具，有些只是使用方式不同罢了。

相关话题

进化速率与物种灭绝 74页
有性生殖与进化军备竞赛 118页

3秒钟人物

查尔斯·达尔文
CHARLES DARWIN
1809—1882
英国自然学家和地质学家，提出令人信服的理论解释了为什么在寒武纪出现了生物多样性快速增加。

林恩·马古利斯
LYNN MARGULIS
1938—2011
美国进化生物学家，提出了生命如何在寒武纪大爆发中形成的精彩理论。

本文作者

本·纽曼

椭圆形的狄更逊水母是许多怪异而奇妙的前寒武纪海洋生物之一。

生物大灭绝

30秒钟进化论

相对于记录生物存活时的情景，化石通常能更好地记录事物如何消亡。6500万年前，一颗巨大的小行星可能加速了恐龙灭亡。但是，一场规模更大、更加神秘的灭绝发生在再往前大约2亿年前的二叠纪末期。二叠纪期间，多腿的三叶虫仍然沿着充满海百合的海底挖洞，这些动物与海星类似。没有人知道接下来会发生什么，但是二叠纪岩层告诉我们，大量的二氧化碳溶解在海洋中。海洋中的二氧化碳与钙结合，形成碳酸钙，直到浓度达到饱和，形成结晶体析出，就像死海沿岸的盐层一样。今天，世界各地都可以看到主要由二叠纪时期形成的岩层构成的山脉。近乎九成的海洋生物都灭绝了，很多生态系统也都被破坏，一切能够幸存下来的生物都是奇迹。但就像寒武纪刚开始时一样，毁灭性的灾难反而为新物种的爆发扫清了障碍，出现了恐龙、现代昆虫和第一批哺乳动物。现有迹象表明，气候变化和二氧化碳浓度正在使地球向二叠纪末期的方向发展。如果说我们能从二叠纪吸取一点教训的话，那就是生物大灭绝一旦开始，就很难停下来。

3秒钟灵光一现

几乎没有地球生命能逃脱美杜莎[㊀]的目光：二叠纪的二氧化碳变成了方解石岩层。

3分钟奇思妙想

为什么这么多生物灭亡了？就像现在的牡蛎长出了贝壳一样，许多海洋生物通过捕获碳酸钙形成了类似石头的防御能力。热带珊瑚礁生长迅速，可以通过计算增长的“日轮数”来判断年龄。但是随着海洋化学成分发生变化，碳酸钙充斥了整个海洋。在整片海洋中，坚固的房屋变成了不可避免的坟墓，因为食物链的底部实际上变成了石头。

相关话题

地质记录　66页
寒武纪大爆发的秘密　76页
灭绝的原因　80页

本文作者

本·纽曼

二叠纪末期，碳酸钙浓度的变化导致出现生物大灭绝。气候变化是否会使地球又回到这种情形?

㊀ 美杜莎：古希腊神话中的蛇发女妖，可将生命变成石头。

CaCO3

灭绝的原因

30秒钟进化论

达尔文指出，灭绝是逐渐发生的。一个物种逐渐减少，直到生存竞争或一些不幸事件最终将其推到灭亡边缘。以腕足类动物为例，它们是5.4亿年前海底灭绝过程中幸存下来的生物，类似蛤，但生长缓慢且适于承受饥饿。二叠纪末期，海洋充满了甲烷和碳酸钙，腕足类动物几乎灭绝了。幸存的腕足类动物是否丧失了太多的遗传多样性，或者说缓慢的新陈代谢使它们丧失了竞争力？但不知是什么原因，蛤重新兴盛，腕足类动物却衰落了。5000万年后，由于气候变化和海洋酸化，三叠纪末期的物种灭绝再次降低了腕足类动物的多样性。最终，外太空的撞击终结了恐龙王朝，仅留下了少数偏居一隅的腕足类动物。腕足类动物在寒武纪大爆发中达到了顶峰，成为形成化石的主要来源，但目前仅存在蛤类无法生存的又深又冷的海底——腕足类动物一次又一次地逃脱了被灭绝的命运。现在，从海底到太空的每个环境，人们都可以占领，我们已经成为物种灭绝的主要原因。到了下一场大灭绝时，我们会像恐龙一样灭绝，还是会像腕足类动物一样苟延残喘？

3秒钟灵光一现

腕足类动物带给我们的教训是，灭绝并不会终结生命的竞争，只会改变竞争的玩家和某些规则。

3分钟奇思妙想

所有的生命形式都在不断地适应特定的环境，但是人类与众不同的地方在于，人类有能力将自然改造为对人类更友好的形态。当我们重塑世界时，我们也帮助了周围的生物茁壮成长，例如老鼠、蟑螂、浣熊和千里光草。人类世（人类时代）的前景是什么？我们会逐渐消失并消亡，还是说技术将成为帮助人类跨越灭绝鸿沟的桥梁？时间将会证明一切。

相关话题

地质变迁与哺乳动物进化　68页
进化速率与物种灭亡　74页
寒武纪大爆发的秘密　76页

3秒钟人物

查尔斯·达尔文
CHARLES DARWIN
1809—1882
英国自然学家和地质学家，研究了物种灭绝的原因。

保罗·克鲁岑
PAUL CRUTZEN
1933—2021
荷兰大气化学家，普及了“人类世”一词。

本文作者

本·纽曼

在生物进化图谱中，腕足类动物高于蛤类。到目前为止，两者都生存了下来。人类也会一直延续吗？

进行中的进化

进行中的进化
术语

适应辐射 单个原始物种快速产生新物种的过程，尤其是在环境发生重大变化形成新的生态位时经常发生。

异域物种形成 一种物种形成的方式。在栖息地发生明显改变后，相同物种的不同种群被隔离开，在不同的环境压力下没有机会进行杂交，从而能够独立进化。

逃脱与辐射协同进化 使物种经历遗传变化，从而使其免受掠食者追捕或屈于环境压力的一种机制。选择减少意味着该物种能够利用以前无法获得的生态位，快速形成新物种。

动物行为性 对（尤其在自然环境中）动物行为进行研究的学科。

真社会性 真社会性的动物群体中，不同组的个体具有不同的角色分工，合作照顾未成熟个体，通常都是单个（负责生殖的）“女王”繁育的后代。这些亚组通常不具备其他角色所需的能力。大多数蚂蚁、蜜蜂、黄蜂和白蚁是真社会性的哺乳动物，（哺乳类的）鼹鼠也是。“真社会性”从字面意思上可以看出它是动物群体中组织度最高的社交形式。

遗传多样性/基因库 在特定物种中，存在一系列可能的基因组合——遗传多样性是指种群中发生的不同变体的数量，这可以衡量该物种应对环境变化的能力，因为遗传多样性越强，变种帮助物种在新环境下成长的机会就越大。如果没有遗传多样性，通过自然选择进化的机会就很少，因为没有可供选择的变体。基因库是整个种群中可用基因的集合。

铭印 动物的一种在特定年龄或发育阶段发生的学习行为。最著名的例子是人类儿童认出父母的方式，以及鸟类捕捉早期运动刺激的方式，即使它看到的不是鸟类。

亲缘选择 该观点认为进化过程即使对个体有害，也可以使相关生物体受益，因此可以用来解释某些利他行为，即为了亲属而选择牺牲自己。在真社会性的生物体中，某些个体为了群体的利益而丧失生殖能力，就是亲缘选择的一个例子。

相互影响 两个进化过程可以产生相互联系。例如，物种的进化可能会对环境产生影响，而环境的变化可能又会对物种产生影响。

自然选择 进化的主要机制，它描述了某些特定性状能够使个体更易于繁殖后代，从而使得这些性状在种群中更加普遍，导致其他特征的比例降低。与人工选择相对应，后者通过选择性育种强化动植物的性状。

系统发育/系统发生树 一种分支图，有时也称为“生命树”，用以显示物种之间的进化联系。系统发生树最初是基于物理特征，但现在更多地取决于遗传相似性。

共生关系 当两个物种间存在紧密的相互作用时，就被称为“共生”。最初纯粹是指互惠互利的关系，现在也包括不太对称的关系，例如寄生共生。

同域物种形成 与异域物种形成不同，同域物种形成的新物种是由同一环境中的单个原始物种形成的。这通常会涉及某种形式的遗传区分，阻止了物种中两个群体的交配。

进化约束

30秒钟进化论

物理定律解释了为什么没有会飞的猪，或者至少解释了有着成年猪体重的动物为什么永远不会飞。但是，要解释为什么没有带翅膀的蜘蛛或分杈的棕榈树，就不是那么简单了。物理因素或生物因素（或两者兼而有之）会对进化结果产生影响。扁虫的身体呈扁平状，是因为氧气不能通过组织扩散太远（物理原因），且扁虫不能以其他任何方式摄入氧气（生物原因）。通过进化出肺等呼吸器官，其他动物摆脱了这种束缚。其他进化方面的限制更为神秘，鸟类脖子上的椎骨数量不等，天鹅多达25块椎骨，但包括沙鼠和长颈鹿在内的几乎所有哺乳动物的椎骨数量都是7块。具体原因尚不清楚，可能与胚胎有关：具有更多椎骨的突变哺乳动物很常见，但却带有畸形，很少能存活繁殖。环境变化也会影响进化约束。例如，当鲸的祖先潜入水中时，便摆脱了重力的束缚，得以自由生长，因此体形比任何陆地动物都庞大。

3秒钟灵光一现

自然选择效果强大，但并非无所不能。并不是所有生物都能进化，不同物种进化的极限存在差异。

3分钟奇思妙想

进化生物学家经常将生物的适应性比作“山丘”和“山谷”的地形，其中山丘代表适应性良好的特质组合，而山谷代表适应性较差的特质组合。自然选择只会将种群的特质从“山谷”推向“山丘”，而不是相反。有一些特定进化目标通过遗传和发育途径难以实现，原因是该途径穿过深谷而“中间形式”将死亡，或是因为所需的突变不会发生，不存在相应路径。

相关话题

遗传变异　52页
选择的类型　56页

3秒钟人物

休厄尔·赖特
SEWALL WRIGHT
1889—1988
美国遗传学家，将“适应性地形”概念化。

本文作者

路易丝·约翰逊

进化生物学家提出了适应性地形概念，描绘了自然选择如何使得某些特征不断发展，而其他特征则难以为继。

协同进化

30秒钟进化论

进化通常是生物体适应周围环境的结果，周围环境也包括其他生物体。而在协同进化中，一种生物体的进化，是由周围环境中其他事物产生的变化引起的。通常，协同进化发生于生物体之间，但也可以是生物体两个部分之间的相互影响。协同进化往往体现在捕食者与猎物、宿主与寄生虫或具有共生关系的生物之间，同时生活在相同环境并争夺资源的生物也可能发生协同进化。兰花逐步进化出较长的花距，而给其授粉的飞蛾也逐渐进化出了更长的口器，这就是典型的由相互依赖驱动的协同进化。当协同进化驱使生物体对被人捕食的威胁或寄生虫攻击产生新的抵抗力时，可能导致新物种异常快速地产生，这一过程被称为“逃脱与辐射协同进化”。协同进化的概念不仅仅局限于生物学，根据协同进化概念，争夺同一批客户的企业必须持续研发新产品，改进服务和工作方式；而协同进化也推动了计算机硬件和软件的发展。

3秒钟灵光一现

进化一般由物种内部竞争驱动，但有的时候，更大程度上取决于宿主与寄生虫、捕食者与猎物以及相互支持的生物之间的进化联系。

3分钟奇思妙想

一些人认为，不仅生物系统存在协同进化，地球的地质和生命也可以看作是协同进化——二者之间存在巨大的反馈回路。大约23亿年前，光合菌释放出大量氧气，改变了空气和岩石的化学结构，从而改变了生命进化的轨迹。生命仍在推动地球发生巨大的物理和化学变化，而人类则是改造地球的最新力量。

相关话题

适应的必要性　46页
有性生殖悖论　106页
有性生殖与进化军备竞赛　118页

3秒钟人物

查尔斯·达尔文
CHARLES DARWIN
1809—1882
英国自然学家，在《物种起源》中首次提及协同进化的概念。

保罗·R.埃利希
Paul R. EHRLICH
1932—

彼得·H.雷文
PETER H. RAVEN
1936—
二人是美国生物学家，合著了植物和蝴蝶协同进化方面的开创性作品，率先使用“协同进化”这一术语。

本文作者

布莱恩·克莱格

兰花和给它们授粉的飞蛾产生了协同进化，提升了授粉效率。

趋同进化

30秒钟进化论

如果不仔细看，人们可能以为海豚是鱼，这是可以理解的。当然，海豚实际上是哺乳动物，与鱼类关系甚远，两者都独立进化出高度流线型的外形、鳍和尾巴，在水里游得更快更好，这种身体形态对水生环境的适应是趋同进化的一个例子。在趋同进化中，物种特征非常相似，但原因并不是因为血统相近。海豚的祖先是大约6000万年前陆地上一种类似鹿的动物，非常适应陆地生活方式。相比之下，鱼类的祖先远在5亿年前就生活在海洋中。趋同进化是全球范围内远缘物种间的普遍现象，他们在地球漫长的地质演化历史中，逐步找到了解决相似问题的方法。一个典型的例子是，蝙蝠、鸟类和翼龙的先祖都是陆地脊椎动物，但都以迥异的方式各自进化出了扑翼。趋同不仅发生在形态层次上，比如蝙蝠和海豚都是依靠回声定位的哺乳动物，血缘关系很远，但最近的科学研究表明，它们在基因水平上存在广泛的趋同进化。

3秒钟灵光一现

在其他条件相同的情况下，密切相关的物种是相似的。当其他条件不尽相同时，会发生趋同进化。有时，亲缘关系甚远的物种看起来很相似，因为它们找到了相同的方法以应对相同的自然选择影响。

3分钟奇思妙想

趋同进化的部分例子显而易见，但大多数很难辨别，因为需要回顾过去，研究一个或一组物种祖先的性质。科学家有时通过化石进行研究，但更经常采用将系统发生树与现代物种的特征结合起来，以推断过去的情况。

相关话题

进化与原型　6页
建立种系发生学　26页
从适应到物种形成　36页
物种多样性　38页
新物种　94页

本文作者

克里斯·文迪蒂

看起来相似的物种并非总是近亲——它们的祖先不同，但却进化出了相似的身体特征以适应相同的环境。

工业黑化

30秒钟进化论

我们习惯于认为进化是一个缓慢的过程，但是对于寿命较短的物种，进化速度可能会比较快，鳞翅目昆虫桦尺蠖就是这方面的代表。“黑化”与黑色素有关，皮肤里的黑色素可以防止紫外线对细胞造成伤害，皮肤被晒黑就是黑色素累积的结果。桦尺蠖的颜色使其能够与地衣覆盖的树木很好地融合。但在工业革命期间，污染物杀死了地衣，使较暗的树皮暴露并被烟灰直接染黑。当飞蛾栖息在树上时，种群中的黑色飞蛾能够更好地伪装，因此更有可能幸免于天敌袭击并繁殖后代。结果是，经过几代的自然选择，黑色飞蛾的比例逐渐增大。在实施环保法律治污的地区，随着空气更加干净，这种趋势就会发生逆转，颜色较黑的桦尺蠖生存能力会低于自然颜色的飞蛾，结果是桦尺蠖恢复了传统地衣般的颜色。在其他蛾类和少数其他昆虫（包括一些瓢虫）中，也可以观察到类似的现象。

3秒钟灵光一现

当污染改变环境，一些昆虫的颜色由于自然选择发生了变化。

3分钟奇思妙想

尽管存在充分证据表明，昆虫颜色变化与污染程度之间存在相关性，但目前尚未明确证实树皮颜色的变化是出现以上现象的直接原因。对于污染增加而导致的色素含量发生变化，可能还存在许多其他原因，比如黑色素可能保护飞蛾免受毒素侵害。但几乎可以肯定的是，这是工业污染促成的自然选择引起的进化。

相关话题

变异与选择　8页
从适应到物种形成　36页
适应的必要性　46页

3秒钟人物

伯纳德·凯特威尔
BERNARD KETTLEWELL
1907—1979
英国鳞翅目昆虫学家，证实了被污染地区的飞蛾更容易被捕。

J.B.S. 霍尔丹
J.B.S. HALDANE
1892—1964
英国生物学家，他用简单的数学模型证明，当飞蛾颜色的变化发生得太快时，不可能是随机发生的。

本文作者

布莱恩·克莱格

白衣翩翩还是一袭黑袍？在应对污染带来的影响时，桦尺蠖出现了非常迅速的进化。

新物种

30秒钟进化论

新物种通常是由于地理区隔而形成的（异域物种形成），但是在同一区域内，同一物种内也可能会出现快速的物种形成（同域物种形成）。当物种在新环境中遇到不同的环境机会，或者进化出能够更广泛利用现有环境生态位的新特征时，就会触发这种“适应辐射”。如果外观变化导致性别选择，这种效果可以进一步增强，所以新形成的物种之间虽然还可以杂交，但不会发生杂交。生物大规模灭绝后，经常会快速形成新物种，但是对于维多利亚湖的慈鲷鱼类来说，大型独立的湖泊为生物进化提供了新机会，单一亲种在很短的时间内进化出了500多个物种。最初，人们认为这发生在12 400年前，当时维多利亚湖出现了最后一次枯竭；但是DNA证据表明，物种形成至少在10万年前维多利亚湖刚形成时就开始了。

3秒钟灵光一现

当出现新的环境生态位时，物种有可能在短时间内形成——非洲维多利亚湖中进化出了500多种慈鲷鱼。

3分钟奇思妙想

苹果实蝇是物种快速形成的另一个典型案例。苹果实蝇最初生活在美国山楂树上，但在19世纪60年代，开始攻击引进的苹果树，并在几十年内进化出不同的行为，因为遗传差异导致幼虫在苹果成熟时生长。到目前为止，生活在山楂树和苹果树上的品种都属于苹果实蝇，但物种分化已在进行。

相关话题

隔离机制 32页

从适应到物种形成 36页

物种多样性 38页

性选择 110页

3秒钟人物

斯文·奥斯卡·库兰德
SVEN OSCAR KULLANDER
1952—
瑞典生物学家，主要研究慈鲷鱼及其物种形成。

本文作者

布莱恩·克莱格

慈鲷鱼和苹果实蝇在短时间内发生了迅速的进化。

1936年10月8日
芭芭拉·罗斯玛丽·马塞特出生于英国坎布里亚郡的安赛德。

1936年10月26日
彼得·格兰特出生于伦敦的诺伍德。

1960年
彼得获得剑桥大学文学学士学位，罗斯玛丽获得爱丁堡大学的理学学士学位。

1964年
彼得获得不列颠哥伦比亚大学（温哥华）博士学位。

1973年
彼得成为蒙特利尔麦吉尔大学的教授。

1973年
格兰特夫妇二人首次前往加拉帕戈斯群岛中的大达夫尼岛。

1977年
彼得成为密歇根大学的教授。

1985年
二人转到普林斯顿大学。

1985年
罗斯玛丽获得瑞典乌普萨拉大学博士学位。

1994年
格兰特夫妇研究成果的《地雀之喙》一书出版，获普利策奖。

2002年
格兰特夫妇共同获得英国皇家学会的达尔文奖章。

2009年
格兰特夫妇共同获得伦敦林奈学会的达尔文-华莱士奖章。

人物传略：彼得·格兰特与罗斯玛丽·格兰特

PETER & ROSEMARY GRANT

彼得·格兰特四岁时从伦敦移居到英格兰南部，并在那里喜欢上了收集蝴蝶标本和赏鸟。在同一时间的坎伯里亚郡，罗斯玛丽·马塞特的母亲经常带她去野外寻找植物化石，激发了她对自然的兴趣。

彼得·格兰特在剑桥大学读完动物学和植物学后，前往不列颠哥伦比亚省开始动物学博士研究，没过多久结识了罗斯玛丽。罗斯玛丽曾在爱丁堡学习遗传学，但因为在温哥华谋得教职而推迟了博士学习。大约一年后，彼得和罗斯玛丽结婚。格兰特夫妇的研究重点是生态与进化的相互作用，探索环境如何塑造物种的分布和特性。他们在墨西哥附近的玛丽亚斯群岛上对鸟喙大小进行研究，发现那里的平均鸟喙长度大于陆地鸟喙，使得岛上鸟类在利用食物上具有优势。这一发现印证了夫妻俩提出的理论——物种间获取食物的竞争会影响进化。

受达尔文一本关于雀科书籍的启发，格兰特夫妇前往加拉帕戈斯群岛的大达夫尼岛，探索14种地雀的起源。该岛是研究物种间竞争、食物供应和环境导致的进化压力的理想场所。格兰特夫妇于1973年首次登岛研究，此后每年都会前往该岛。

1977年，大达夫尼岛发生了严重干旱。格兰特夫妇发现，喙型较大的地雀更易啄开干旱后相对较多的硕大坚硬的种子，从而存活率更高，来年能够繁育出更多大喙的后代——这是自然选择进化的绝佳案例。几年后，大雨导致小种子植物快速生长，情况便发生了逆转，小喙地雀更容易生存。格兰特夫妇还发现，鸟鸣声受到物种间竞争的影响。他们还观察到，当一种新的有着更大喙的鸟类到来后，它们以大种子为食并成为优势物种，大多数现有的大喙鸟类逐步被赶跑。

格兰特夫妇于20世纪80年代移居普林斯顿，更多采用统计的方法进行研究，预测特定亲代可能发生的变化程度，并合作开展了影响喙形状和大小的遗传因素的研究。对于生物学家来说，能够预测进化，其意义之大不言而喻。遗传学家J.B.S.霍尔丹曾经评论道：“除非科学理论能够使我们预测真实发生的事情，否则任何科学理论都不值一提。在能够做出预测前，理论都只是文字游戏。”笔者撰写此书之时，罗斯玛丽的研究重点是雀科物种之间的杂交及其可能产生的进化优势及劣势。

布莱恩·克莱格

动物行为的演变

30秒钟进化论

动物行为学的核心是进化，达尔文在该领域进行了早期探索，但距离该学科真正起步还要再等60年。康拉德·洛伦兹提出了“固定行为型态”，这是一种由外在影响触发的、由大脑“先天释放机制”控制的本能行为，具体例子包括求偶舞、鸟类将丢失的蛋归巢等行为。尼古拉斯·廷贝亨认为，由进化和适应机制驱动的本能行为反应非常重要。通常，环境是此类反应的关键。例如，许多青蛙笨拙、膨胀的声囊会共鸣放大求偶鸣声，以让自己在喧闹的环境中（比如嘈杂的水流声）更容易被找到。亲代抚育形式各异，受生态环境以及生物学因素的共同影响。有的动物大量产卵之后就弃之不顾，有的哺乳动物则对后代给予长期照料。从20世纪70年代开始，动物行为研究视野更为广阔，更多关注动物行为的社会性方面，因此更加注重群体行为的演变，研究对象包括蚂蚁和蜜蜂等复杂的“真社会性”动物以及规模较小的哺乳动物群体。

3秒钟灵光一现

对动物行为的研究证实，行为与生理特征一样能够不断发展，并适应不同的环境压力。

3分钟奇思妙想

从进化的角度看，动物的社交行为似乎是违反直觉的，但实际上社交行为提升了生存和传递基因的能力。以被捕食动物的群体行为为例，独居的角马更可能被狮子之类的捕食者猎杀，但一旦形成群体，就降低了个体被攻击的几率。尽管付出了减少进食量等代价，但群体生活却带来了生存优势。

相关话题

适应的必要性　46页
利他主义与利己主义　100页
进化心理学　134页

3秒钟人物

卡尔·冯·弗里希
KARL VON FRISCH
1886—1982

康拉德·洛伦兹
KONRAD LORENZ
1903—1989

二人分别是德国动物学家和奥地利早期动物行为学家，以研究蜜蜂闻名，因动物行为方面的研究同获1973年诺贝尔奖。

本文作者

布莱恩·克莱格

从求偶舞到动物或鱼类群体聚集以寻求安全的行为都表明，本能行为是对环境做出的反应。

利他主义与利己主义

30秒钟进化论

简单地说，利他主义是把别人放在首位，这从进化的角度说不通。然而，在进化的框架内，利他主义可以通过几种方式成立。利他主义经常被解释为亲缘选择的结果，这种观点认为，具有亲密关系的个体之间有着共同的遗传。因此，考虑到基因的延续，这种表面上的利他主义本质上仍然是利己主义。利他主义简单地说是一种保护亲人（不论是否有遗传关系）的趋势，但很难去进行绝对的计算。J.B.S.霍尔丹曾开玩笑地说：“我可以为两个亲兄弟或者八个堂表兄弟牺牲自己的生命。”当互惠利他主义纳入考量时，情况会变得更有说服力。在这种情况下，个体会做出无益于自身的行为，因为知道别人也会做出类似的利他行为，从而使利他转为互惠共利。在复杂的现代世界中，就像纸币取代了金银一样，声誉取代了直接认知作为判断他人是否可靠的一种手段。这使得个体甲即使没有直接受益于个体乙的利他行为，也会向个体乙做出利他行为从而形成间接互惠。

3秒钟灵光一现

如果生存的唯一要务是保存基因，单纯从个体考虑，利他主义似乎是违反直觉的。但是进化理论解释了利他主义的潜在好处。

3分钟奇思妙想

利他主义在人类中很普遍，并不意味着我们总是冷漠地考量与受助者的关系远近，或者计算因为慷慨大方而可能获得的回报多少。尽管如此，我们通常对待家人比外人更好，对待朋友比陌生人更好，对待同胞比外国人更好。解释陌生人的好意对进化心理学家来说是一个重大挑战。

相关话题

隔离机制　32页
从适应到物种形成　36页
物种多样性　38页
威廉·唐纳德·汉密尔顿　117页

3秒钟人物

爱德华·奥斯本·威尔逊
EDWARD OSBORNE WILSON
1929—2021
美国生物学家，提倡群体选择的概念，但少有进化生物学家认同。

罗伯特·L.泰弗士
ROBERT L. TRIVERS
1943—
美国进化生物学家，提出了互利性利他主义的概念。

本文作者

布莱恩·克莱格

热心地帮助他人，因为你知道他人也会这样做。

有性生殖与死亡

有性生殖与死亡

术语

无性繁殖 一种生物体只有一个亲本的繁殖，因此子代就是亲代基因的拷贝或克隆，仅携带来自该亲本的基因。包括单性生殖、裂变（分裂为两部分）、芽孢形成和断裂生殖。

有益突变 基因组中的变化，通常由DNA损伤或复制错误引起，在生物特征上产生差异，增加了生存机会，因此很可能在自然选择中占据优势。

逆适应 猎物对天敌的防御性反应，反之亦然。

“戴绿帽” 该词的英文名字源于杜鹃在其他鸟类或是其他杜鹃的巢中产卵。被戴绿帽的雄性花费精力养育另一雄性的后代，通常也放弃了养育自己后代的机会。

真社会性 真社会性的动物群体中，不同组的个体具有不同的角色分工，合作照顾未成熟的个体，通常都是单个（负责生殖的）“女王”繁育的后代。这些亚组通常不具备其他角色所需的能力。大多数蚂蚁、蜜蜂、黄蜂和白蚁是真社会性的哺乳动物，（哺乳类的）鼹鼠也是。“真社会性”从字面意思上可以看出它是动物群体中组织度最高的社交形式之一。

进化稳定策略 该概念起源于博弈论，对于具有进化稳定策略的种群，自然选择可确保种群不会被最初稀缺的突变取代。

适应 适应性强，或适合各种条件。在进化意义上，“适者生存”是指最适合生存并传递遗传物质的物种。

近亲繁殖/近交衰退 当生物体与亲缘关系密切的个体交配时，其产生的结果称为近交，会增加性状遗传给后代的机会，从而降低后代的适应性。当应用于种群时，总体适应性下降称为近交衰退。

亲缘选择 该观点认为进化过程即使对个体有害，也可以使相关生物受益，因此可以用来解释某些利他行为，即为了亲属而选择牺牲自己。

主要组织相容性复合体 细胞表面突出的一组分子，T细胞（一种白细胞）会锁定这些分子以“读取”细胞内部组成并决定是否要忽略或摧毁之。

突变消融 种群中突变不断增加，有害的遗传变化导致种群减少，使得更多的负效突变进一步累积。

单性生殖 一种生殖形式，在未受精的卵子中成长为胚胎。

“红皇后”假说 就像刘易斯·卡罗尔《镜中奇遇》[㊀]中的“红皇后”必须不断奔跑才能留在同一地方一样，该假说认为，当环境、竞争者和掠食者都在不断发展时，生物体需要不断进化才能生存。

关联性 生物个体与另一个体的关联程度（共享基因的多少），影响亲子冲突的程度，例如，两个同父异母（或同母异父）的兄弟可能会比亲兄弟产生更强的冲突。

自交不亲和性 一种阻止植物自体受精、促进遗传多样性的遗传机制。

偏性扩散 某些生物体在生命的特定周期，从出生地扩散出去以获得潜在的进化益处。许多物种存在偏性扩散，一种性别在出生地附近繁殖，而另一种性别则扩散到其他地方繁殖。

㊀《镜中奇遇》：《爱丽丝梦游仙境》续作。

有性生殖悖论

30秒钟进化论

雄性的存在到底有什么意义呢？很多物种没有雄性，但也存活得很好。这些物种可以无性繁殖，不断克隆自己。除非受到阻碍，无性生殖物种的种群可以像链式反应那样指数增长：个体经过繁殖，一代有2个，二代有4个，三代有8个，四代16个……再过15代，对于某些物种来说可能只是几天，就能有超过一百万个近乎相同的后代。有性生殖的物种似乎把能量浪费在了无法自身繁育后代的雄性个体上。如果有性生殖如此浪费，存在的意义是什么呢？原因有很多，但所有人都认为，有性生殖降低了灭绝的风险。一种观点是，在小种群中，有性生殖过程中的基因重组意味着有害突变从基因组中被清除，而有害突变在无性生殖的物种中会不断累积。无性生殖中有害突变是不可逆转的，会导致“突变消融”和物种灭绝。另一个关键原因是，基因不断重组形成新组合使雄性付出的代价得到回报。如果无性繁殖的个体出现有益突变，有益突变也只能原样传给后代。有性生殖则允许基因组中不同的有益突变融合在一起，从而快速适应进化压力。

3秒钟灵光一现

有性生殖保持遗传变异，避免有害突变的累积，促进有益突变的累积。

3分钟奇思妙想

有性生殖似乎代价高昂，但可以为自然选择带来遗传新活力。从很多方面来说，性的存在不需要太多解释，而一些无性繁殖的群体长期没有明显变化的事实值得玩味。一种蛭形轮虫的水生微生物，已经单性繁殖了至少3500万年。它们是否具备有别于有性生殖物种的修复基因组的途径？

相关话题

性别比例　108页
性选择　110页
有性生殖与进化军备竞赛　118页
避免近亲繁殖　120页

3秒钟人物

赫尔曼·约瑟夫·穆勒
HERMANN JOSEPH MULLER
1890—1967
美国诺贝尔奖获得者，以研究辐射对基因突变率的影响而闻名。

本文作者

马克·费洛维斯

雄性和雌性的有性生殖，相比无性生殖有很多优点。有性生殖可以促进遗传变异，能使物种更快地响应进化需求。

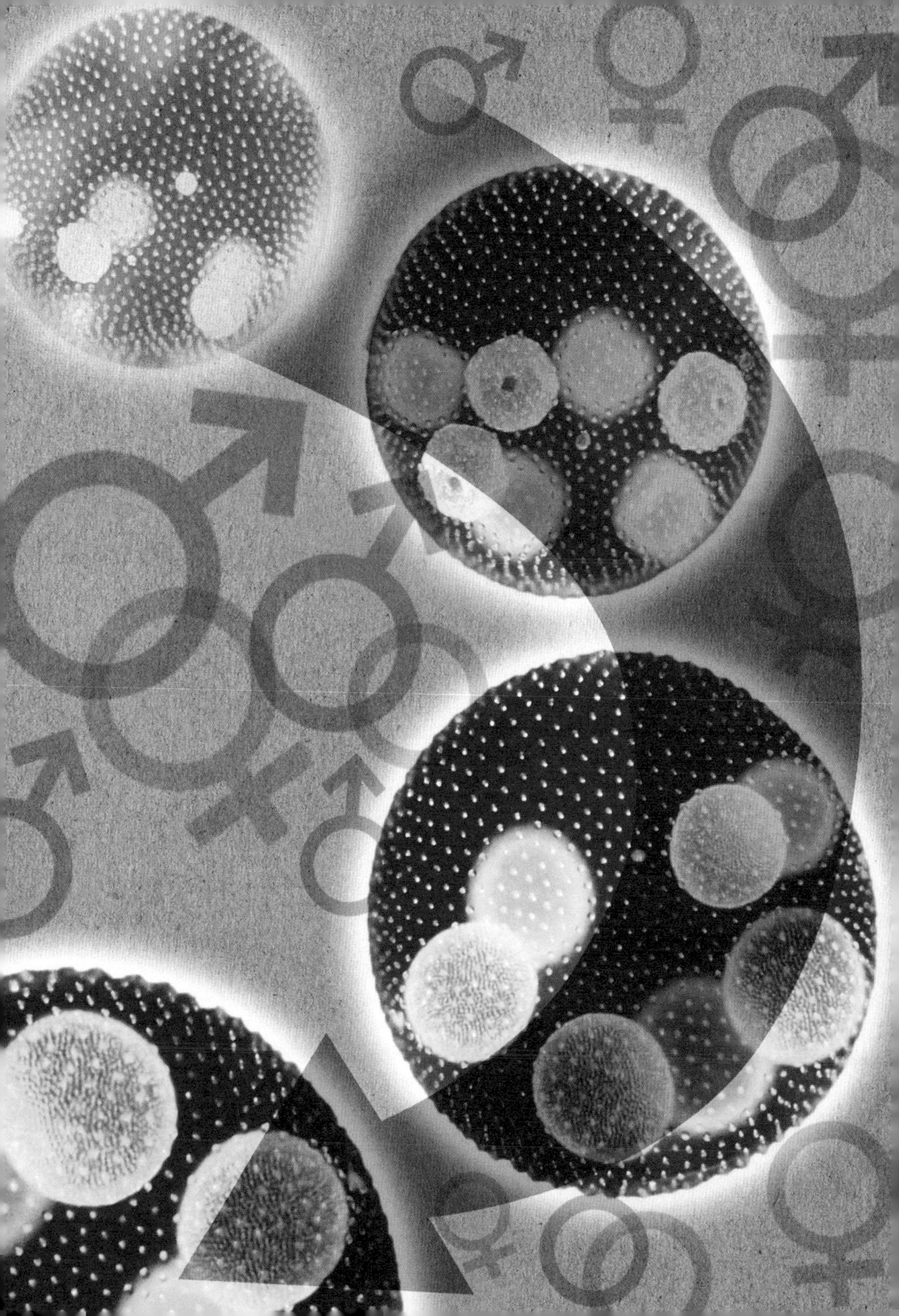

性别比例

30秒钟进化论

雄性对于有性生殖不可或缺，但为何雄性个体如此之多呢？一个雄性个体可以使许多雌性受精，因此雌雄数量相当的物种似乎在浪费资源和精力。20世纪30年代初，罗纳德・费希尔意识到，尽管有性生殖物种都必须有父方和母方，但性别数量较少的个体是有好处的。想象一下雌雄比为2∶1的种群中，每只雄性平均会与两名雌性交配，其适应性比普通雌性高一倍。雄性的基因将不断传播，随着性别比接近1∶1，成为雄性的好处将不断减少。雌性占少数时也会发生类似情况，只是有些雄性得不到交配的机会，平均而言雌性会产生更多后代。这就是所谓的进化稳定策略，而自然选择会阻止其他策略起作用。人类自然出生的性别比例略偏向男性（每出生100名女性约出生106名男性），但由于通常男性寿命较女性短，因此这种差异会随着时间推移而减小。

3秒钟灵光一现

自然选择甚至可以解释大多数物种中普遍存在1:1的性别比例。

3分钟奇思妙想

并非所有物种的性别比例都为1∶1。榕小蜂可以决定后代的性别：卵子受精成雌性，未受精则成雄性。在无花果果实（隐头花序）中，每有19个雌性榕小蜂才会有一个雄性。当雌性榕小蜂将所有卵产在一个隐头花序中，产生的雄性和雌性都将互有血缘关系。由于雄性在遗传上相似，如果亲代雌性选择只生产正好足够的雄性为所有雌性授精，它的后代总数将会最大化。

相关话题

有性生殖悖论　106页

威廉・唐纳德・汉密尔顿　117页

避免近亲繁殖　120页

3秒钟人物

罗纳德・费希尔

RONALD FISHER

1890—1962

英国统计学家，理查德・道金斯称其为“自达尔文以来最伟大的进化生物学家”，他的研究将基因与自然选择联系起来。

本文作者

马克・费洛维斯

在无花果内，雄性榕小蜂的任务是使雌性受精，雌雄比可能超过19∶1。

性选择

30秒钟进化论

3秒钟灵光一现

性选择的概念解释了自然界中生物许多复杂的行为和华丽的特征。

3分钟奇思妙想

性选择是否影响了人类身体和行为特征的进化？如果答案是否定的，那将会令人大吃一惊。有人认为人脑是性选择的结果，高智力的人更受异性青睐。更有争议的研究表明，雌性排卵周期中，对配偶的喜好不断变化，雌性生育能力最强时会选择最具支配性的雄性。

达尔文意识到，选择不仅关乎生物个体存活，而且还关乎谁能繁育后代。达尔文引入了性选择作为自然选择的补充，来描述物种为了达到成功繁衍的目的，而形成生物界一些华丽的特征和行为。性选择理念的核心是，一种性别（通常是雌性）在繁衍后代中投入更多精力，因此会努力选择最适合交配的雄性。相反，雄性可以与许多雌性交配，因此雄性利用有利于赢得对抗的特征相互竞争。在雄性野蛮的战斗中，诸如马鹿巨大的角及雄性象海豹的长鼻等物理特征，有助于雄性赢得对抗。雌性择偶时偏好的特征可能与适应性没有明显关系，且可能导致出现过分追求“华丽装饰”的现象，比如雄孔雀美丽的尾屏。雌性动物通过择偶将拥有同样对异性充满吸引力的后代，更可能将其基因传承下去。也有人认为，这种展示不是偶然的，而是“诚实的广告”，能表明身体健康，使得雌性选出最适合的配偶。

相关话题

有性生殖悖论　106页
精子竞争　112页
有性生殖与进化军备竞赛　118页

3秒钟人物

阿莫茨·扎哈维
AMOTZ ZAHAVI
1928—2017
以色列进化生物学家，引入了“诚实广告”的概念，有助于解释为什么性选择会导致生物出现夸张的特征。

玛琳·祖克
MARLENE ZUK
1956—
美国行为生态学家，提出了华丽装饰与雄性特质相联系的理论。

本文作者

马克·费洛维斯

孔雀开屏，抑或是马鹿或象海豹的攻击行为，背后的原因都是性选择。

精子竞争

30秒钟进化论

雄性为什么会产生那么多精子？传统的观点认为，精子易得，因此没有进化的压力减少精子产生。20世纪70年代初，杰弗里·帕克挑战了这一观点。他指出，精子数量与其他生物特性一样，通过自然选择不断优化。即使在与人类血缘最近的物种中，睾丸的大小（代表精子产量的多少）也有很大差异。大猩猩的睾丸相对较小，猩猩稍大，人类的再大一些，黑猩猩最大。如果一个雌性与两个雄性交配，拥有更多精子的雄性最有可能繁育后代。精子数量自然选择的强度与交配行为息息相关。对于大猩猩来说，银背雄性主导了种群的交配行为，精子数量不是那么关键。黑猩猩的情况相对复杂，几只雄性与一只雌性交配，这就产生了精子竞争，从而解释了黑猩猩睾丸较大的原因。人类的睾丸大小适中，表明人类处于精子竞争光谱的中间位置。最新的遗传学研究表明，约有1%的儿童是婚外生子，这与精子竞争在人类中虽不常见但并不特殊的观点相一致。

3秒钟灵光一现

竞争不会随着交配结束，而是直到卵子受精。

3分钟奇思妙想

人类社会遵循一夫一妻制，男女形成长期的伴侣关系，但也可能追求偶外交配。偶外交配的代价可能是妻子有外遇，也就是“戴绿帽”，男方抚养他人后代，并失去生育自身后代的机会。自然选择可以降低这种成本：男性阴茎的形状被认为有助于去除先前交媾中残留的精子；女性伴侣如果与其他男性交媾，男方则会产生更多精子，并试图更频繁地交媾。

相关话题

性选择　110页
有性生殖与进化军备竞赛　118页
避免近亲繁殖　120页

3秒钟人物

杰弗里·艾伦·帕克
GEOFFREY ALAN PARKER
1944—
英国行为生态学家，通过对粪蝇的研究率先提出了精子竞争的概念。

本文作者

马克·费洛维斯

一只银背雄性大猩猩可以控制其种群的交配权，因此与黑猩猩（和人类）不同，它们不需要在精子数量上进行竞争。

亲子冲突

30秒钟进化论

在有性生殖物种中，亲代与子代之间不可避免地存在冲突。罗伯特·泰弗士发现，亲代应该平衡对每个子代的投入，以最大限度地提高后代的总数和质量。但子代并不希望父母的投入被分摊，因为这可能会降低他们成功繁殖的概率。这可以用相关性来解释：亲代与所有子代同等相关，应该平等投入精力；子代虽携带亲代100%的基因，但他们与兄弟姐妹只共享50%的基因，因此从基因的角度来看，相较于亲代愿意提供的资源，子代想从亲代那里获得更多资源以增加生存机会——代价是减少目前或将来的兄弟姐妹的生存机会。这也是许多子代极力抵制亲代断奶的原因。当雌性黑猩猩再度处于可孕状态并寻找交配对象时，黑猩猩妈妈常常强迫停止母乳喂养后代。后代争夺父母资源方面的竞争可能走向极端，最终出现手足相残，这在猛禽中最为明显。在许多猛禽中，尤其是在食物匮乏时，年长的鸟会杀死同窝中弱小、年幼的鸟。

3秒钟灵光一现

亲代及其子代对于父母资源的最佳分配有不同的看法。

3分钟奇思妙想

遗传学家大卫·海格提出，人类存在亲子冲突，胎儿想要获得的资源比母亲希望给出的更多。发育中的婴儿胎盘分泌荷尔蒙，提高血糖水平；而母亲产生更多胰岛素来降低血糖水平。也许随着母亲年龄的增长，以后再生育的可能性降低，应该改变策略，以更好地满足后代的需求。

相关话题

利他主义与利己主义
100页

3秒钟人物

罗伯特·L.泰弗士
ROBERT L. TRIVERS
1943—
美国生物学家，彻底改变了人们对合作与冲突的理解。

大卫·阿迪森·海格
DAVID ADDISON HAIG
1958—
澳大利亚遗传学家，首先提出了孕妇与胎儿的冲突，为人们重新认识妊娠中最危险的并发症奠定了基础。

本文作者

马克·费洛维斯

年幼者总是想要更多……对于人类来说，母亲和胎儿通过释放荷尔蒙来争夺血糖；而在鸟类巢穴中，只有适者生存的残酷法则。

1936年8月1日
生于开罗。父亲阿奇博尔德是一位出生于新西兰的土木工程师，母亲贝蒂娜是一位医生。

1964年
在伦敦帝国学院讲学，发表了有关社会行为遗传进化的重要论文。

1966年
与克里斯汀·弗里斯结婚，育有三个女儿。

1970年
发表“汉密尔顿式舍己害人”的专著论文。

1976年
理查德·道金斯出版《自私的基因》一书，普及汉密尔顿的理论。

1978年
担任密歇根大学的进化生物学教授。

1980年
当选为英国皇家学会院士。

1984年
成为牛津大学教授。

1988年
被皇家学会授予达尔文奖章。

1989年
荣获伦敦林奈学会达尔文—华莱士奖章。

1993年
荣获克拉福德奖（生物学界的诺贝尔奖）。

1994年
认识路易莎·博茨，与其结为伴侣。

2000年3月
在伦敦去世。

人物传略：威廉·唐纳德·汉密尔顿

BILL HAMILTON

一说起“自私的基因”，人们就会想到理查德·道金斯，但道金斯的书名在向威廉·唐纳德·汉密尔顿致敬。汉密尔顿父母是新西兰人，小汉密尔顿出生在埃及，但在英国肯特郡长大，并对蝴蝶产生了浓厚的兴趣。除了曾在美国短暂停留一段时间外，汉密尔顿大部分时间都在英国度过。在剑桥学习期间，汉密尔顿逐步对罗纳德·费希尔基于统计的遗传学产生兴趣，并获得了伦敦经济学院和伦敦大学学院联合培养的博士学位。他在伦敦帝国学院担任了13年讲师，在帝国学院期间，其学术研究被认为比讲课好得多。

汉密尔顿发表论文《社会行为的遗传进化》时还不到30岁。他在这篇由两部分组成的论文中提出了“汉密尔顿法则”，并采用定量方法进行亲属选择研究，将亲密关系与利他主义的成本联系起来。此前，已经有人提出过这样的亲属选择假设，但汉密尔顿更进一步，给出了严格的数学证明。

汉密尔顿提出的关键概念还有“汉密尔顿式舍己害人”和极高的性别比例。尽管从生物学意义上讲，“恶意”是利他主义的对立面，但该观点认为，相比伤害种群中更不像自己的个体，“恶意”具有遗传生存上的优势。这种“恶意”行为的确存在，比如动物杀死天敌的幼儿，但这种概念在进化心理学中从未得到像利他主义那样的支持。汉密尔顿在极高的性别比例方面的研究，着眼于与约1:1“普通”性别比差异很大的情况，比如蚂蚁和黄蜂。在该领域，他再一次将数学引入生物学研究，使用博弈论来解释极高性别比例群体的稳定性。汉密尔顿认为寄生虫对性别进化很重要，他后来职业生涯的大部分时间都在研究寄生虫。

汉密尔顿在哈佛大学和圣保罗大学短暂担任客座教授后，在密歇根大学担任了六年的进化生物学教授，之后回到英国在牛津大学动物学系担任研究教授，成为新学院的研究员，直至去世。汉密尔顿的死因普遍认为是在刚果期间感染了疟疾，因为所服用的药丸滞留在了十二指肠壁的陷凹中，导致胃肠道出血。

布莱恩·克莱格

有性生殖与进化军备竞赛

30秒钟进化论

3秒钟灵光一现

有性生殖可以使我们快速适应各种寄生虫和疾病，否则会被疾病打倒。

3分钟奇思妙想

两性之间存在“军备竞赛”吗？如果雄性通过多次交配以最大程度提高对环境的适应性，同时交配对雌性来说代价高昂，那么就可能出现进化军备竞赛。交配对某些物种的雌性会产生破坏性的后果，比如雄性使用创伤式授精（臭虫）、恋矢（蜗牛）和有毒的精液（果蝇），来使授精成功几率最大化。作为回应，雌性试图降低自身交配的成本，但很少有物种像合掌螳螂一样，雌性螳螂在交配后会吃掉配偶。

捕食者会将弱者和适应性较差的个体淘汰出去，猎物的防御特性会因此逐渐改善。随着猎物行动更快、体格更强壮、更善于伪装和防守，能力较弱、效率更低的捕食者会逐步被淘汰，在此期间猎物也选择了更强大的捕食者。每个过程都会导致适应和逆适应的正反馈。利·范·瓦伦的“红皇后”假说将进化军备竞赛与有性生殖联系在一起。刘易斯·卡罗尔《爱丽丝梦游仙境》中的红皇后说：“你必须不停地奔跑，才能留在原地。”瓦伦认为，这就像生命一样，有性生殖带来的改变有助于生物适应不断变化的天敌。物种如果想要战胜快速变化的疾病和快速繁殖的寄生虫，就必须不断改变免疫反应；而疾病和寄生虫如果要继续在宿主上生存，就必须突破宿主的免疫反应。如果免疫反应没有变化，那么总会有一把“钥匙”始终能打开所有“锁”。有性生殖维持基因产生变异，不断改变“锁销”，因此疾病也必须尝试用不同的“钥匙”去解锁。

相关话题

协同进化　88页
有性生殖悖论　106页
性选择　110页

3秒钟人物

利·范·瓦伦
LEIGH VAN VALEN
1935—2010
美国进化理论学家，他认为物种通过持续的军备竞赛来进化，以不断适应天敌和以它为天敌的物种。

本文作者

马克·费洛维斯

有性生殖可能很危险。雌合掌螳螂在交配时会咬掉雄性的头；蜗牛在求偶行为中，会向求偶者发射恋矢。

避免近亲繁殖

30秒钟进化论

一些有性生殖的物种可以使自己的卵受精——植物就经常以这种方式繁殖。但是近亲繁殖并非没有代价：自体受精或与近亲交配会增加后代获得双份有害基因的可能。受这些基因影响的性状很可能会呈显性，而不是被基因的其他形式隐藏。这会导致近交衰退，因为有害基因会降低携带者对环境的适应性。这一点在欧洲的王室中很明显：出于政治动机的近亲通婚非常普遍，结果是后代患有疾病或畸形。大多数物种已经进化出一系列机制以尽量减少近亲繁殖的可能。植物可能是自交不亲和的，自己的花粉不能使自己的胚珠受精。自交不亲和在动物中不太常见，其行为特征使近亲繁殖的可能降到最低。许多动物通过表现性别偏倚扩散来尽量避免近亲繁殖，一种性别停留在出生地，另一种则分散到其他地方。其他物种使用直接提示，如家鼠尿液的气味取决于尿液中的蛋白质，家鼠通过与尿液不同的小鼠交配而避免近亲繁殖。

3秒钟灵光一现

近亲繁殖的成本可能很高，许多物种已经进化出相关特性以降低与亲属交配的几率。

3分钟奇思妙想

几项有争议的研究表明，人们更喜欢气味闻起来与自己不同的伴侣。这种气味上的差异是由主要组织相容性复合体引起的，它控制细胞表面受体的表达，在免疫中起到关键作用。有趣的是，有研究表明，服用避孕药的女性喜欢与她们气味相似的男性，而未服用避孕药的女性则喜欢不同气味的男性。

相关话题

有性生殖悖论 106页
性选择 110页
精子竞争 112页

本文作者

马克·费洛维斯

哈布斯堡王室的近亲通婚导致出现了下巴畸形，如西班牙国王查理二世（图中后者）和神圣罗马皇帝查理五世。

人类与进化

人类与进化
术语

人工选择　选择性繁殖生物，以增强生物的一个或多个特定性状。人类通过人工选择去繁殖家养动植物，比如，狗这一个物种就有种类繁多的变种。

南方古猿　起源于大约120万年前到400万年前的早期类人猿。人属的集合，包括南方古猿属和傍人属。

双足行走　仅使用两个后肢行走。在鸟类中最常见，它们从恐龙那里继承了这种能力。双足行走在哺乳动物中并不常见，但它是人类运动的首选方式。

基因工程/合成选择　使用技术直接修改生物的基因以产生新的性状——与对基因进行间接修改的人工选择相反。

基因修饰/改造　由基因工程产生的生物被称为经过基因修饰。在此过程中，基因可以被添加、删除或修饰。该术语一般不适用于选择性育种的产品，尽管从技术上讲，这些产品也是经过基因改造的。

人科动物　人科属于生物分类学中的灵长目一科，包括大猿；人科动物包括人类、黑猩猩、大猩猩和猩猩。也包括比黑猩猩更接近我们人类的已经灭绝的物种。

人族动物　人族动物基因上比黑猩猩更接近人类——智人是现存的唯一的人族动物。

直立人　一种大约在14万年前灭绝的人种。目前尚不清楚它是否与匠人属于同一人种。如果是这样，它很可能是智人的直接祖先。

能人 生活在230万年前到140万年前的人种。在人属中，能人是与现代人类最不相同的人种，但由于大脑相对较大，能人通常被归类在人属中。

海德堡人 一种大约生活在至少60万年前到约20万年前的人种。该人种的脑容量类似于智人，可能是现代人和尼安德特人的直接祖先。

线粒体DNA分析 线粒体是真核细胞所谓的动力源。线粒体中存在少量DNA，提供37个人类基因。在大多数物种中，这种DNA仅从母亲一方继承，通过比较种群中的线粒体DNA可以推断种群随着时间推移的变化程度；而比较物种之间的线粒体DNA，有助于研究物种从共同祖先进化的方式。

尼安德特人 与智人密切相关的人种，灭绝于2万年前至3万年前。现代人携带少量尼安德特人的DNA，可以证明尼安德特人与智人曾有杂交。

细胞核DNA 真核细胞细胞核内的DNA，包括了大多数真核生物绝对多数的DNA。线粒体和叶绿体内含有少量DNA。

古人类学 对古人类化石的研究。

原康修尔猿 大约1400万年前灭绝的灵长类动物属。曾被认为是大猿的祖先，但这一观点受到了较多质疑。

拱肩 最初是建筑学术语，指的是拱门角落里的空间。后被进化生物学借用，指的是一种进化变化，它是适应性变化的副作用，但本身可能是有用的。

祖先与时间尺度

30秒钟进化论

现代人类（智人）最古老的祖先生活在约600万年前至700万年前的非洲，包括图根原人和乍得沙赫人，他们与其他灵长类动物有着明显区别，可能已经能够以两条腿走路。但是这些南方古猿类仍然具有似猿的长臂，脑容量也较小。大约400万年后，人类祖先的脑容量增大了，并开始用石头制作工具。这一变化标志着我们自己的属——人类的诞生。大约180万年前，直立人形成了狩猎采集的生活方式，逐步走出非洲、来到亚洲。接下来的几十万年里，欧洲的尼安德特人、亚洲和非洲的丹尼索瓦人依次出现，并在约20万年前，进化出了智人。智人从非洲不断扩散，在6万年前到达澳大利亚，在4万年前到达欧洲，在1.5万年前到达南美洲。线粒体DNA分析已证实，现代人类的祖先来自非洲。DNA也显示，现代人类来自非洲，并逐渐取代了当时地球上的所有其他人类，但在此过程中与尼安德特人和丹尼索瓦人发生了异种交配。

3秒钟灵光一现

我们的人种——智人，大约20万年前在非洲发生进化，逐步在世界范围内扩散开来，并取代了其他人类。

3分钟奇思妙想

大约6万年前，现代人类走出非洲时，欧洲被尼安德特人占据。现代欧洲人中拥有尼安德特人1%~4%的DNA，这表明两个人种之间发生了交流并产生后代。最近的一些研究表明，这种异种交配有利于形成对某些欧洲特有疾病的免疫，但可能也导致了狼疮、克罗恩病和胆汁性肝硬化等疾病。

相关话题

人类和其他猿类对工具的使用　128页
利基家族　137页

3秒钟人物

路易斯·利基
LOUIS LEAKEY
1903—1972
英国人类学家，发现了最早制造和使用工具的人类——能人。

克里斯·斯金格
CHRIS STRINGER
1947—
英国人类学家，“走出非洲”理论的主要支持者之一。

斯万特·帕博
SVANTE PÄÄBO
1955—
瑞典进化遗传学家，古遗传学的奠基人之一，2022年获诺贝尔生理学或医学奖。

本文作者

伊莎贝尔·德·格鲁特

非洲发现了尼安德特人、先驱人、直立人和智人的头骨，是人类的发源地。

人类和其他猿类对工具的使用

30秒钟进化论

我们之所以与其他原始人（原始人包括人类及猿类亲属）不同，是因为人类以不同的方式制造和使用工具。自1964年路易斯·利基发现能人（或者说“能干手巧的人”）以来，工具制造就一直被认为是人属的标志，是区别于其他猿类的一大特点。随着研究的深入，科学家日益发现工具对人类和其他人科动物的重要性。黑猩猩最常使用工具：他们使用类似长矛的武器进行狩猎，用石头打碎坚果，制作不同的树枝工具来收集蚂蚁、白蚁或蜂蜜。猩猩会使用树枝打开多刺的果实，也会用树叶来防止荆棘伤害手掌。大猩猩走过沼泽时，会用树枝探测水深，或者当成拐杖来使用。这些现象进一步表明，在人类进化之前原始人就已经有很长的工具使用历史了，工具有可能在1200万年前就被原始人与其近亲的最后共同先祖广泛使用。但是，人类是唯一使用工具并对工具进行创造性改造的物种。我们不断改进工具设计，不仅功能不断完善，而且外表越来越美观。

3秒钟灵光一现

工具制造被认为是人类的一种特有技能，但随着我们对猿类的了解越多，人类在工具使用上相比猿类的特性就越模糊。

3分钟奇思妙想

愈发复杂的工具意味着早期人类日益善于为其他群体成员提供帮助。狩猎和收集富余食物，并且帮助无力收集食物的人——这些能力改变了早期人类的社会生活。人属婴儿出生得更早的进化趋势意味着他们需要更多照顾，这又意味着女性需要额外的物资分配。工具的使用不仅影响了人类的生物进化，还促进了人类文化的发展。

相关话题

祖先与时间尺度
126页
利基家族　137页
人类进化的未来
140页

3秒钟人物

珍·古道尔
JANE GOODALL
1934—
英国人类学家和灵长类动物学家，1960年首次观察到黑猩猩使用树枝作为工具。

卡雷尔·范·谢克
CAREL VAN SCHAIK
1953—
荷兰灵长类动物学家，首次描述了猩猩对工具的使用。

本文作者

伊莎贝尔·德·格鲁特

在我们的非人类属亲戚中，黑猩猩在制作和使用工具（尤其是树枝）方面最为熟练。

大脑的进化

30秒钟进化论

人类的脑容量特别大。自从大约600万年前人类与黑猩猩在进化道路上分道扬镳之后，人类大脑容量经历了前所未有的增长。人脑平均重约1.3千克，而黑猩猩大脑则平均不到500克。人类丰富的化石记录可用于确定过去400万年间脑容量的增长轨迹。通过研究头骨化石，科学家们知道南方古猿是最早的原始人科动物之一，其脑容量和现代黑猩猩相当。到150万年前的直立人时代，人类脑容量已经翻了一番。人类的脑容量随着人类进化不断增加，最大的人脑重达1.5千克，是数万年前活跃于欧洲的尼安德特人。脑容量较大显然而易见地提升了认知能力，但人脑增大背后的进化驱动力存在很大争论。其中一些有代表性的解释包括：语言的出现、工具的生产、群居甚至欺骗策略（通过欺骗可以获得超越他人的优势）。

3秒钟灵光一现

人类的脑容量很大，使我们变得聪明；但我们又不够聪明，因为人类还没找到背后的确切原因。

3分钟奇思妙想

大脑是一个复杂的器官，由相连的不同部分组成，各部分有着各不相同的重要作用。例如，小脑对于运动控制很重要，而额叶则参与决策和记忆。通过比较人类和其他哺乳动物大脑相应区域的大小，有助于揭示促进人脑进化的重要因素。

相关话题

人类和其他猿类对工具的使用　128页
人类语言的进化
132页
人类进化的未来
140页

3秒钟人物

哈里·杰里森
HARRY JERISON
1928—
美国古生物学的先驱，20世纪70年代初期提出了脑化指数。

本文作者

克里斯·文迪蒂

一些科学家认为，气候变化是人类脑容量增大的一个因素——人类需要更大的大脑来应对不稳定、不断变化的生存环境。

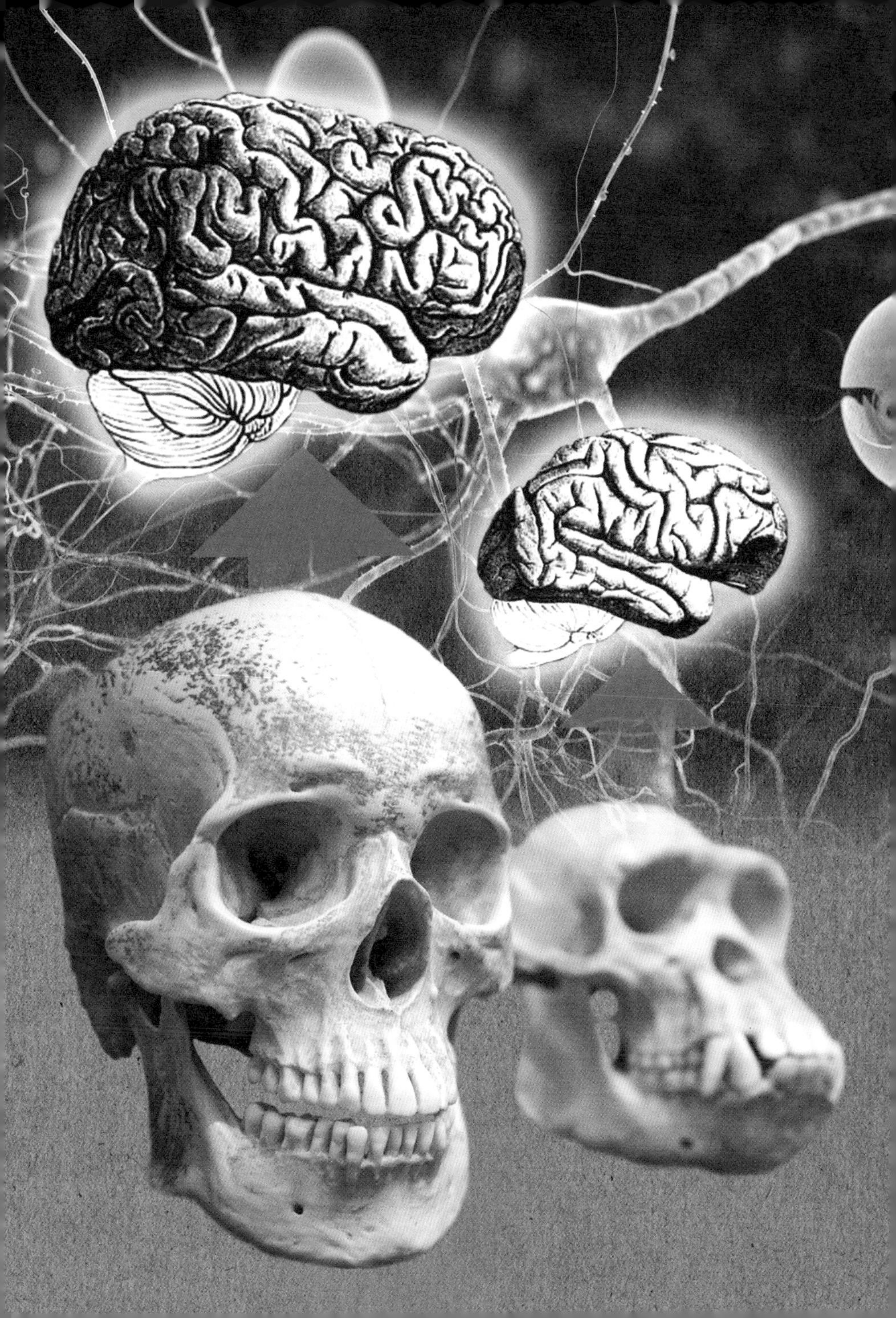

人类语言的进化

30秒钟进化论

最初，对语言进化的研究集中在象征意义以及学习复杂口语的必要性上。但最近的研究表明，除了象征思想不断进化之外，人类语言的形成还需要更多必要条件。语言诞生的前提是，人类必须能够说和听。与口语相关最早的解剖学证据是直立人脊髓增大，这可能使人体更好控制呼吸，能够说出一连串的字词。尼安德特人中出现了另一种变化，即控制舌头的舌骨具有与人类相同的半圆形。这表明至少在45万年前就已存在类似于人类的控制语音的组织。听力组织也在不断进化，人类是唯一能够听到4000Hz左右频率声音的猿类，这是许多清辅音的频率，对于传达单词的含义很重要。对内耳化石证据的研究表明，听到这些清辅音的能力可能由海德堡人最先进化，时间可追溯到100万年前。

3秒钟灵光一现

随着人类社会发展日益复杂，人类语言不断发展。但如果无法理解所听到的内容，语言仅仅是空洞的单词。

3分钟奇思妙想

地球上的6000多种人类语言都是怎么发展起来的？在人类扩散到世界各地的过程中，人类的发声能力、听力和大脑组织促进了语言在语法、时态和词汇等方面的发展，以应对不同的挑战和环境。尽管当前全球语言多样性逐步下降，但是人类总会找到一种表达思想的方式。

相关话题

大脑的进化 130页
进化心理学 134页

3秒钟人物

菲利普·利伯曼
PHILIP LIEBERMAN
1934—
美国语言学家，研究语言的生物学进化。

苏·萨维基·蓝保
SUE SAVAGE-RUMBAUGH
1946—
美国灵长类动物学家，研究猿类的语言能力。

W. 特库姆塞·菲奇
W. TECUMSEH FITCH
1963—
美国进化生物学家，研究人类和其他动物的认知和交流。

本文作者

伊莎贝尔·德·格鲁特

语言能力也需要“硬件”……我们的祖先必须进化出听和说的身体机能。

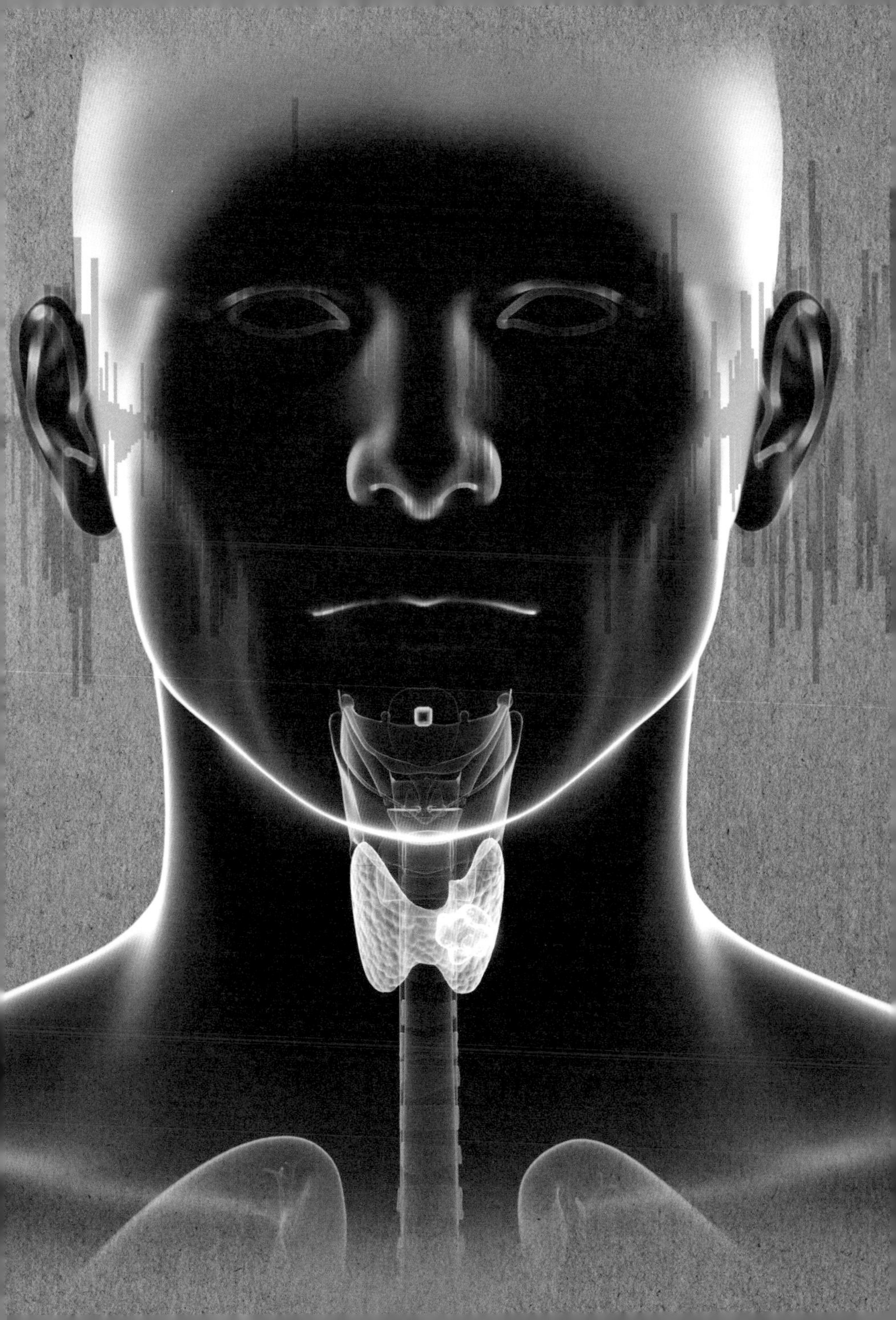

进化心理学

30秒钟进化论

进化理论主要是从研究物理特性逐渐发展起来的，但没有理由认为不存在由自然选择促成的心理特征或性别偏好，就像自然选择推动了更易观察到的眼睛或翅膀等器官的进化。许多心理学家认为，思维就像物理器官一样由虚拟模块构成，在自然选择和性选择的压力下，这些认知模块及其行为会持续演变。达尔文写道："我认为，有很多开放的领域需要更为重要的研究。心理学将在赫伯特·斯宾塞先生业已奠定的基础上稳步发展。"进化心理学能够成为一门显学，与两位人物密不可分：罗伯特·特里弗斯提出"对等"概念（即针锋相对行为的基础）；E.O.威尔逊将动物行为和社会反应与进化论相结合，从而使进化心理学成为一门独立学科。这些成果是建立在威廉·唐纳德·汉密尔顿的研究基础之上，即基因是进化的驱动力，有利于使基因传递到亲人中的行为将被选择性强化。

3秒钟灵光一现

对进化心理学的研究可以追溯到达尔文，但它在20世纪70年代才成为一门独立学科，研究进化对人类行为的影响。

3分钟奇思妙想

语言是重要的心理适应的一个例子。鉴于人类无需进行持续训练就能普遍学会说话，语言似乎是一种进化出来的特质。在探寻影响语言能力的遗传因素方面，科学家们确实取得了一定进展（尽管尝试寻找特定"语言基因"的努力毫无意外都以失败告终）。然而，一些心理学家对此提出质疑，他们认为语言是另一种适应行为（"拱肩"）偶然但有益的副产品。

相关话题

从适应到物种形成
36页
利他主义和利己主义
100页
威廉·唐纳德·汉密尔顿 117页
人类语言的进化
132页

3秒钟人物

赫伯特·斯宾塞
HERBERT SPENCER
1820—1903
英国哲学家，提出了"适者生存"这一术语。

罗伯特·特里弗斯
Robert L. TRIVERS
1943—
美国生物学家，推动进化心理学成为显学。

本文作者

布莱恩·克莱格

在人类思考方式和大脑运作机理的演化过程中，自然选择起到了什么作用？

1903年8月7日
路易斯·利基出生于英属东非（现为肯尼亚）的卡贝特。

1913年2月6日
玛丽·尼科尔出生于伦敦。

1928年
路易斯与第一任妻子弗里达结婚（两人育有一子科林）。

1931年
路易斯第一次前往奥杜瓦伊峡谷考察。

1933年12月13日
科林·利基出生于剑桥。

1934年
因为玛丽·尼科尔，路易斯与弗里达分道扬镳。

1936年
路易斯和玛丽结婚。

1940年11月4日
乔纳森·利基出生于内罗毕。

1942年7月28日
米芙·埃普斯出生于伦敦。

1944年12月19日
理查德·利基出生于内罗毕。

1948年
玛丽发现原康修尔猿头骨。

1952年
奥杜瓦伊峡谷第一次大规模挖掘。

1959年
发现鲍氏东非人头骨。

1972年3月21日
露易丝·利基出生于内罗毕。

1972年10月1日
路易斯·利基在内罗毕去世。

1978年
玛丽·利基发现利特里脚印。

1996年12月9日
玛丽·利基在伦敦去世。

1999年
米芙团队在图尔卡纳湖发现了距今350万年的头骨。

人物传略：利基家族

THE LEAKEY FAMILY

科学界有时会出现一个“朝代”，例如威廉·布拉格和劳伦斯·布拉格父子同获诺贝尔奖。但是利基家族有些独特，包括古人类学家路易斯和妻子玛丽，两人的孩子科林是植物学家，理查德和乔纳森是古人类学家，而理查德的妻子米芙、女儿露易丝也是古人类学家。

利基一家从事的不只局限于科学。路易斯从20世纪20年代后期开始参与肯尼亚基库亚的部落政治；其子理查德于1995年成立了萨芬纳（斯瓦希利语意即“诺亚方舟”）组织，并成为肯尼亚的内阁秘书；乔纳森曾短暂涉足古人类学，后来下海经营一家蛇毒公司。但是，利基家族的主要事业一直是通过原始人类遗骸研究人类起源，探索人类在非洲的进化历程。

利基家族发掘了大量化石，特别是在坦桑尼亚塞伦盖蒂的奥杜瓦伊峡谷和肯尼亚的图尔卡纳湖周围出土的化石，对于树立人类最早在非洲进化的革命性理念至关重要。他们发现了原始人用相隔几英里外的石材制作的石质工具，表明原始人已经具有很高的智力水平。玛丽发现了鲍氏南方古猿（现在称作“傍人”）的遗骸，其历史可以追溯到175万年前，使公认的人类进化时间尺度发生巨大改变。不久之后，乔纳森发现了后来称作“能人”的第一块骸骨。能人是被列为人类属的物种（但有争议）。

除了化石研究工作，路易斯还指导了三位世界一流的灵长类动物学家——珍·古道尔、戴安·弗西和比鲁特·加尔迪卡斯。路易斯认为大猿与原康修尔猿（大猿和人类可能的共同祖先）的居住环境有相似之处。原康修尔猿是可追溯到2000万年前的灵长类动物，最早由亚瑟·霍普伍德与路易斯合作发现。1948年，玛丽发掘了第一块原康修尔猿头骨。

路易斯晚年时，与玛丽在学术上产生了一些分歧，主要是路易斯认为人类到达美洲的时间要比之前预计的早10万年。路易斯于1972年去世后，玛丽继续进行研究。她的一项重大成就是1978年发现了利特里脚印，发掘地点距奥杜瓦伊峡谷45公里（28英里）。利特里脚印的产生时间距今大约360万年，是三个人的化石径迹，以火山灰的形式保存了下来，是人族两足动物活动最早的证据。米芙和女儿露易丝仍在继续着利基家族在肯尼亚长达60年的古生物学研究事业。

布莱恩·克莱格

人类引起进化

30秒钟进化论

所有的生物都要适应不断变化的环境，并通过自然选择不断进化，但是大约在1万年前，人工选择出现了。那时，人们的生活方式开始由狩猎采集转变为基于耕作的定居生活。这个过程中的关键要素就是选择：选择种子最大、最好的草（后来演变成为小麦和大麦等现代谷物）以及体型更大、更高产的动物。驯化过程的另一方面是繁殖，人类学会了杂交技术，并根据需要选择最佳子代。之前这些只跟粮食生产有关，但最近则涉及生物燃料和药物制造。人工选择在人类的推动下，已成为与自然选择比肩的进化力量。同时，通过改变周围环境，我们也偶然驱动了物种进化——细菌对抗生素的耐药性、植物对除草剂的耐药性、昆虫对杀虫剂的耐药性、啮齿动物对杀鼠剂的耐药性均不断增强，就是极好的说明。

3秒钟灵光一现

自然选择已有亿万年之久使地球呈现物种多样性；而人类在不过上万年的历史尺度上，已经成为生物进化的强大推动力。

3分钟奇思妙想

农作物和驯养动物的很多性状变化是人类因素驱动的结果，体现出人工选择的重要作用。近几十年来，科学家通过引入其他物种的基因，在实验室中设计出新物种，给进化带来更多新的可能性。实验室育种、人工选择驯养动物和自然进化的生物之间，会在未来产生新的（且不可预测的）结果。

相关话题

人类进化的未来
140页

3秒钟人物

丹尼尔·扎哈里
DANIEL ZOHARY
1926—
以色列植物学家，在新月沃土研究栽培和野生谷物的遗传多样性。

戈登·希尔曼
GORDON HILLMAN
英国考古学家，主要研究史前栽培和植物驯化。

本文作者

伊莎贝尔·德·格鲁特

人类历史上最早的农民开启了人为驱动的进化历程。现在我们有了转基因作物和动物克隆等更多手段。

人类进化的未来

30秒钟进化论

全球人口每分钟就增加100多人，这种巨变影响着地球上的一切，包括人类自身进化的未来。举一个人类进化的最新例子：成年人消化牛奶的能力是由一个基因突变引起的，该基因通常会在人类断奶时阻断乳糖酶的产生。一万年前这种基因突变首次出现时，拥有这种突变的一小部分欧洲人就可以充分利用新驯养的奶牛产出的大量牛奶，该基因迅速扩散至相关人群。但由于进化依赖于隔离和小规模种群，因此上述情况现在可能不会发生，而且随着全球联系的日益紧密，随时间推移而出现的本地适应模式正在消解。我们处于更大变革的风口浪尖——如果社会允许，基因工程技术将使得父母可以通过遗传控制子女的命运。人类是自然选择的非凡产物，但我们超越了达尔文对优胜劣汰的理解。

3秒钟灵光一现

自然选择的进化造就了人类，文化的进化则使人类发展更完善。

3分钟奇思妙想

如今，我们可以使那些原本会因某些遗传特质而死的人存活下来；人类这个物种正在进化——但不是基于达尔文式的自然选择，因为那些基因并未从基因库中移除。到2050年，预计全球人口将达到90亿，遗传多样性会比以往更丰富吗？

相关话题

人类引起进化
138页

本文作者

马克·费洛维斯和尼古拉斯·巴蒂

进化的未来是什么样子？我们是否正在超越自然选择和“优胜劣汰”，转变为在文化确定的基因库中进行综合选择？